胡妙芬　LIS 情境科学教材　著

陈彦伶　绘

北京日报出版社

图书在版编目（CIP）数据

科学史上最有梗的 20 堂物理课．下册 / 胡妙芬，LIS 情境科学教材著；陈彦伶绘．—北京：北京日报出版社，2021.7

ISBN 978-7-5477-3960-0

Ⅰ.①科… Ⅱ.①胡… ② L… ③陈… Ⅲ.①物理学—少儿读物 Ⅳ.① O4-49

中国版本图书馆 CIP 数据核字（2021）第 071479 号

著作权合同登记号　图字：01-2021-2260

科学史上最有梗的 20 堂物理课　下册

KEXUESHI SHANG ZUIYOUGENG DE 20 TANG WULIKE　XIACE

责任编辑：杨秋伟
责任校对：程旭阳
策　　划：付玉静
装帧设计：桃子喆
出版发行：北京日报出版社
社　　址：北京市东城区东单三条 8-16 号东方广场东配楼四层
邮　　编：100005
电　　话：发行部：（010）65255876
　　　　　总编室：（010）65252135
印　　刷：肥城新华印刷有限公司
经　　销：各地新华书店
版　　次：2021 年 7 月第 1 版
　　　　　2021 年 7 月第 1 次印刷
开　　本：787mm×1092mm　1/16
总 印 张：20
总 字 数：278 千字
定　　价：78.00 元（全二册）

推荐序

你认识几个物理学家？是不是觉得物理学家都又聪明又厉害，仿佛难题在他们手中一下子就能解决？

对喜欢物理的人而言，物理学家是崇拜的对象；但对讨厌物理的人而言，物理学家就是憎恨的敌人：“要不是你们，我就不用背这么多奇奇怪怪的公式了！想到欧姆定律我就想翻脸……”不过，当你知道欧姆连肚子都填不饱却还坚持做研究时，会不会对他有点儿同情和钦佩？还有卡文迪许，你认识吗？他比欧姆还早四十六年发现“欧姆定律”，但定律却不是以他命名的。到头来，卡文迪许竟然是个被孤僻性格耽误的科学家……这些课本中出现过的厉害的科学家，其实他们都有自己的性格，彼此间可能还有“爱恨情仇”。让孩子沉浸在这些有趣的故事中，同时又能跟着科学家的眼光观察，并且由浅入深、渐进有条理地学习物理，就是《科学史上最有梗的20堂物理课》的精彩之处。

这套书呈现了科学家的日常生活以及科学探究历程，每堂课，LIS老师都会带着你搭上时光机，回溯不同的年代，近距离了解科学家，你会发现原来他们没你想象中的那么严肃。想象一下，假如你不幸掉进一间牢房，看到这样一个奇怪的人——总是面向窗外喃喃自语。你跟着他一起观察光透过木窗上的小孔照进牢房，借着颠倒的影像发现小孔成像，一起领悟光的“射入说”比“外射说”更接近真实。这段经历是不是比你死记“上下颠倒、左右相反”的小孔成像口诀要来得生动、记忆深刻？

了解科学家们探索科学的历程，物理公式便有了温度。在时光机发明之前，不妨让这套书带领你进行一趟时光之旅，体验学习科学的乐趣吧！

朱庆琪

台湾“中央大学”物理系副教授兼科学教育中心主任

作者序

培养孩子长久受用的科学探究能力

我们的宗旨是“Learning in Science”（科学学习）；我们的愿景是“让每一个孩子，都拥有实践梦想的勇气和能力”。我们希望可以通过教材为孩子开启新的视角，让他们发现科学不仅是一门从生活出发的学科，也是一种理解世界的思维方式。

我们相信，学习的本质其实是STEAM（教育理念）或PISA（国际学生评估项目）所谈的“好奇心”“批判性思考”和“解决问题的能力”，这才是每一个人一辈子都用得到的能力。因此，我们从科学出发，梳理科学史的脉络，将科学家解决问题的思维、方法及过程，开发成独一无二的创新教材。

我们设计的教材包含视频与图书。在视频方面，会以动画和戏剧的方式，把科学变得图像化且富有故事性，所以孩子在观看时很容易进入我们设定的情境中，进而引发学习动机。而我们设计的图书，则将视频中科学家发现问题及探索真理的情境还原给孩子，希望他们在科学史中探究、冒险，从而培养他们的科学探究能力。

了解孩子的学习处境，将科学思考历程具象化

走进科学史的世界里，你会发现课本中的概念与公式，事实上并非为考试存在，而是一种科学家们看待与理解这个世界的思维方式。其实在开发物理系列教材时，我们也遇到了不少瓶颈——这是一门起源于“哲学”的学科，虽然有大量的实验验证，但大都是“脑中”的思想实验；虽然想的都是关于力、光、热等生活可触及的现象，但理解起来非常抽象！每每“剖”开科学家的大脑，细细研读一番后，就会发现自己以前的理解原来还不够完整，常有不断被更新的感觉。每个视频都是

伙伴们花很长的时间撰写文本、进行教学，再让非理工背景的编剧与动画师充分理解科学概念，才最终完成的。

然而在整个过程中，最难的不是梳理理论演进脉络，而是要避免在传播知识时，把自己熟知的信息想得太理所当然而没有表达出来。因为这会导致没学过相关概念的部分孩子对信息感到疏离、断裂而无法连贯吸收。因此，我们在制作教材时，必须回到“不懂的状态”，重新看待这些要给孩子看的内容，抽丝剥茧地找出会造成孩子理解困难的信息，小心翼翼地运用剧情与动画来转化。这套书就是在这样的背景下诞生的。

书是视频的延伸

感谢胡妙芬老师，这次依然用生动的文字，让孩子有机会一窥视频中物理学家们精彩故事的全貌；感谢插画家陈彦伶在图像与版面上的用心，让物理知识变得易读又有趣。

最后，我们想跟大家说，这套书完全不同于目前市场上的科普童书，它结合了**科学史、科学家人物传记、科学理论演进历程**等多元面向，还特别设计了能让大家天马行空发问的“快问快答”单元。在阅读时，你可以把它视为科普版的“科学通史”，也可以单纯地把它当作有趣的科学故事书来读……这都没有问题，因为这套书是我们耕耘多年的知识结晶，它一定能让大家得到意想不到的收获！

LIS情境科学教材

目　录

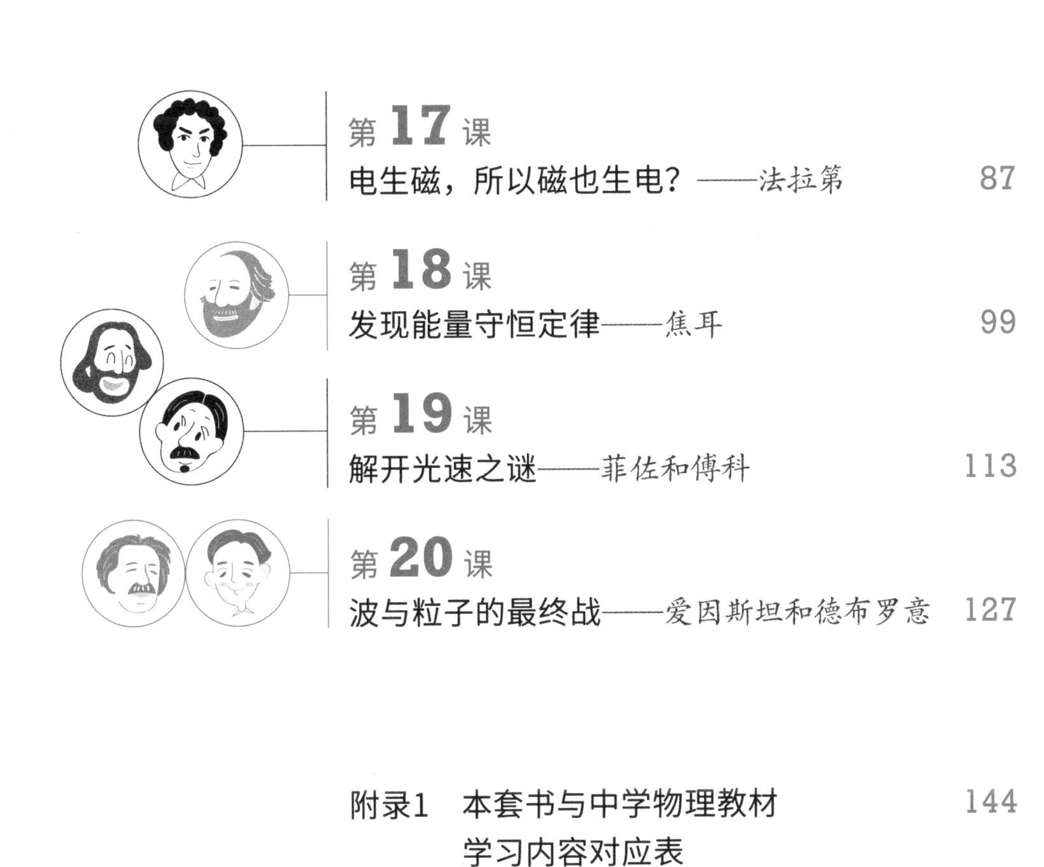

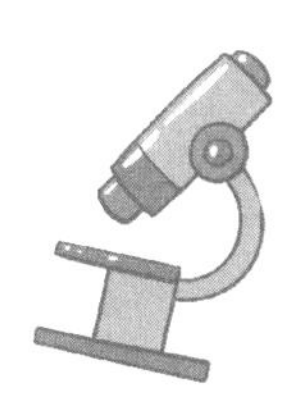

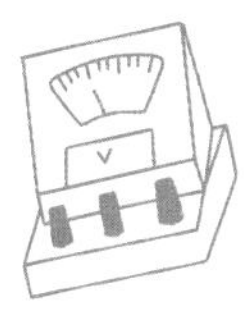

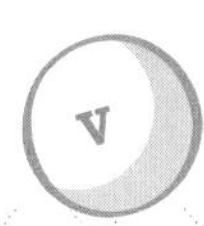

出场人物

鲁芙
双鱼座
十四岁

凡事认真，爱笑又爱哭的中学女生。喜欢物理，但偶尔还是会被物理理论难住。这学期终于等到科学史研究社的LIS老师开讲物理，赶紧拉着好友严八一起参加，她迫不及待地想知道物理学家的故事呢。

严八
射手座
十四岁

满脸雀斑的大男孩，讨厌考试与教科书。参加科学史研究社已经一个学期，开始相信“听故事就能喜欢科学”，平时老是跟着鲁芙听课，已经渐渐喜欢上了科学。

LIS老师

天秤座

年龄不详

科学史研究社的社团老师，最喜欢自己的鬈发，自认为是个性浪漫的科学青年，也是个文艺青年。上回跟学生聊化学史大受好评，这学期打算继续用说故事的方式让学生爱上物理。

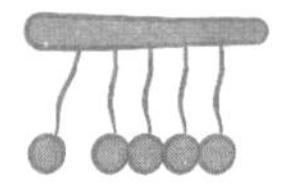

欢迎大家再度来到科学史研究社。我是LIS老师。
接下来，我们要一起探索热、电磁、能量等物理奥秘……
LIS
物理

VIII

热吗？我有！我有
满腔的热情！

又有好玩的科学故事可以听啦！

是啊！我们可以一边听科学故事，一边学物理知识哟！

第 11 课

相吸相斥谁知道？

格雷和杜菲

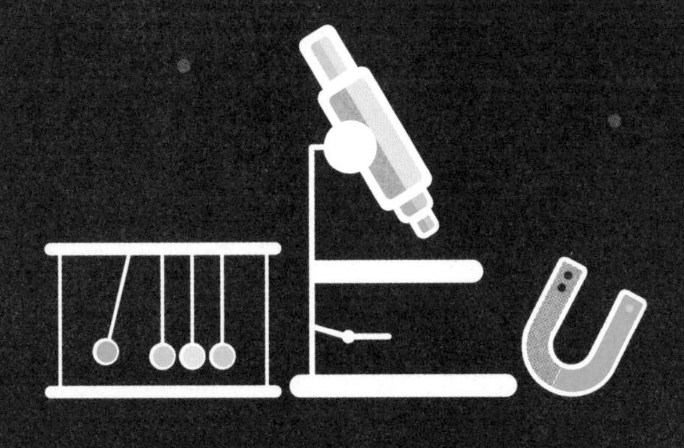

大家看，这是静电
感应现象。
哈哈，严八
好帅哟！

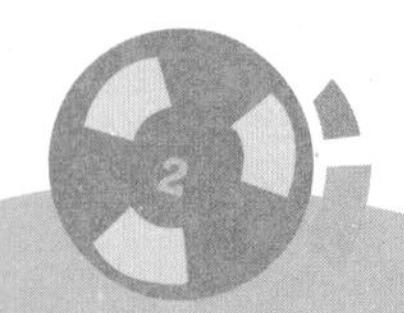

回想跨入十七世纪的第一年，吉尔伯特成功地把“电”与“磁”区分开来（请见上册第5课），创造出了“电”这个全新的名词。电与磁的命运从此就走上了不同的道路。因为当时，欧洲正处于大航海时代，地球磁场和磁针的研究关系到航海是否安全、能不能抢到殖民地、有没有办法赚大钱，所以关于“磁”的研究可谓热火朝天，而关于“电”的研究却冷冷清清，不太有人关心。

再加上，电比磁更让人难以捉摸。比如，磁石可以拿在手上做研究，但是用布摩擦琥珀产生的静电电量却少得可怜，很快就消失不见，很难进行科学实验。除非……

没错。除非有人发明出能“大量”起电的装置，科学家们才有足够的电量可以操作电学实验、推动电学研究往前迈进。否则电学只能在原地打转，继续被磁学远远地抛在身后。

但没想到的是，这个“除非”在某种有点儿乌龙的状况下，还真的就发生了。

世界上第一部摩擦起电机

还记得那位因为马德堡半球实验而红透半边天的马德堡市市长——奥托·冯·格里克（Otto von Guericke）吗？（请见上册第68页）1660年的某一天，他想证明“地心引力”是因为地球四周聚集着某种“星际的精气”，于是用硫黄做成地球模型，以木棒为轴心模拟地球自转。结果当他一边转着木轴带动球体，一边用干燥的手按着硫黄球摩擦时，硫黄球果然产生了“吸引力”，把周遭的羽毛、枯叶全吸了过来！

“难道说这种吸引力就是地球上存在的‘地心引力’？”当时的人的确很容易把地心引力、静电力、磁力这类非接触力①混淆在一起，但这位市长既热爱科学又很英明，很快就发现这是静电力，而不是地心引力！

①非接触力：是指任何作用在两个物体之间而不需要直接接触的力，最常见的例子是重力。

摩擦起电机的
工作原理

格里克把硫黄粉碎、熔化后，灌进空心玻璃球，然后在玻璃球中间插入一根木棒作为转轴，等硫黄冷却后，再把玻璃敲掉，就制成了一颗“硫黄球”。当硫黄球快速转动时，只要用布或手摩擦它，就能产生电。

静电只会吸引，不会排斥？

世界上第一部摩擦起电机，就这样阴错阳差地诞生了。往后，人们只要转动摩擦起电机，就能产生足够的电量来进行科学实验，电学突飞猛进的时代终于到来了。但是许多科学家在实际使用摩擦起电机的过程中，发现了一个奇怪的现象，不知道如何解释。因为根据过去的经验，人们一直以为静电只会“吸引”，不会“排斥”；但是使用摩擦起电机后却发现，被带电的硫黄球吸引的羽毛，只要碰触到硫黄球以后，就会从“吸引”瞬间变成“排斥”。这究竟是为什么？要如何解释这种奇特的现象呢？

科学家们只好继续在摩擦现象里寻找答案，大约有七十年那么长的时间，没有人知道答案。电学的发展就这样处在混沌的黑暗之中，久久见不到黎明的光亮。直到多年以后，人们好像早已习惯漫长的黑夜之时，曙光才在一个几乎被世界遗忘的昏暗小房间里，慢慢升起。

卡尔特修道院的导电实验

斯蒂芬·格雷
1666—1736
英国染匠、业余科学爱好者、物理学家

1666年，格里克发明摩擦起电机几年后，斯蒂芬·格雷（Stephen Gray）诞生在英国肯特郡的一个染匠家庭。小格雷对科学很感兴趣，但是家里的经济并不宽裕，所以上了几年学之后，就跟着爸爸当起染坊的学徒来。

小格雷

在那个年代，“科学”还是一种奢侈品，往往只有贵族或富有人家才有能力培养科学研究的爱好；但是格雷无法丢掉对科学的热情，所以他除了自学之外，还有意结交了许多富有的朋友，好利用交情到朋友家里的私人图书馆或实验室里去，借此亲近科学。

刚开始，他对天文学最感兴趣。靠着自己磨制镜片、观察太阳，格雷得到了天文学家约翰·佛兰斯蒂德（John Flamsteed）的赏识。年轻的格雷从此成为佛兰斯蒂德的研究伙伴，协助他进行天文观测和数学计算的工作。

但是这份友谊并没有为格雷带来好运。佛兰斯蒂德因为一批天文数据，跟当时最权威的英国皇家学会会长牛顿闹翻了；所以在接下来的十几年里，牛顿“恨乌及乌”，不但把格雷当成佛兰斯蒂德的同党，不肯接受格雷，还带动其他科学家们也排挤格雷。

无辜卷入派系斗争的格雷，最后只好回老家，重新做起染坊工人。后来，又因为身体状况恶化，以及一连串的变故，最终沦落到住进卡尔特修道院，靠着修道院的养老金救济，勉强度过余生。

看到这里，你可能会觉得格雷不得志的一生似乎已经走到了尽头。但命运就是如此奇妙，就在这个被外界遗忘、一片死寂的修道院里，又老又穷的格雷，才真正开始了他的科学人生。

牛顿

约翰·佛兰斯蒂德
1646—1719
英国首任皇家天文学家

在当时，人们只知道静电会“吸引”，却不理解为什么羽毛被带电的硫黄球吸住之后，会突然变得“排斥”，格雷对这个现象好奇不已。幸好他身边还有像玻璃管、布、金属线这些简单的东西，让他得以在穷困潦倒的情况下，依然能在幽暗的修道院小房间里，独自认真地做研究。他把那些摩擦能生电的物体，像毛皮、丝绸，称为“电物体”；把那些摩擦后不会生电的物体称为“非电物体”，例如金属线。

这天晚上，他为了防止水分和灰尘跑进玻璃管里，特意用软木塞将玻璃管的两端塞住，接着才用布摩擦玻璃管，准备使玻璃管“摩擦生电”，吸引羽毛和小纸片。但是一个奇怪的现象，吸引了他的注意力。

“咦，是我老眼昏花了吗？”他揉了揉自己的眼睛。

“我又没有摩擦软木塞，软木塞怎么也带电了呢？”他看到纸片被软木塞吸引，觉得很纳闷。他重试了好几次，结果证明软木塞上确实带电，明显对纸片和羽毛有吸引力。

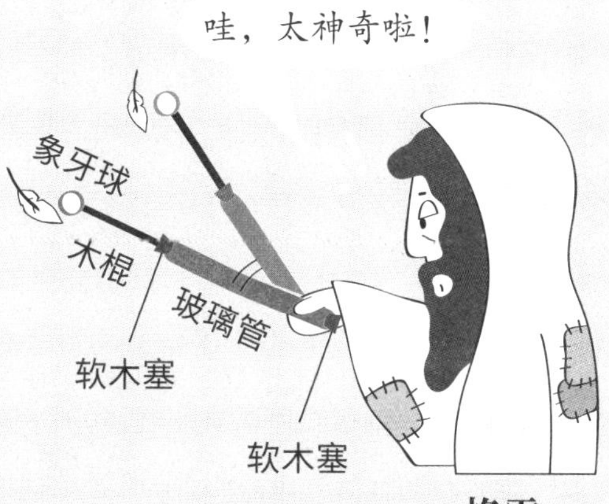

他决定把软木塞“延长”，看看会发生什么。他把木棍的一端插进软木塞，另一端插进象牙球，结果一摩擦玻璃管发现，不只玻璃管、软木塞能吸引羽毛，就连木棍另一端的象牙球都能吸引羽毛！

“看来，‘电’好像不是静止不动的，它们会被某些物质传导出去，所以软木塞、象牙球才会带电。”他知道自己的推论如果是对的，将会是一个重大的发现。因为当时的人们普遍认为“电”是“静态”的，并不知道电会在物质之间传导，也就是“电传导”的存在。

老格雷玩心大起，准备利用麻绳当导线扩大实验。他的房间很小，于是他打起了楼下花园的主意。结果他发现，即使实验起点在楼上，一楼的象牙球依然能吸引枯叶。“太惊人了！原来电会传导！我要找朋友一起做实验，看看静电到底能传多远！”格雷的眼睛里重新燃起青春的火焰。

于是，格雷前去拜访英国皇家学会的会员格兰维尔·惠勒（Granville Wheler，1701—1770）牧师。两人兴奋地在惠勒的大庄园里忙进忙出，改良导线和支撑方法，把导线穿过庭院、草地、花园，试图将电传导到二百三十米以外的地方。他们在实验中发现，传导电的时候要小心地用丝线把导线悬吊起来，因为导线一接触到地面或墙壁，就会把电“泄”光；只有用“非电物体”悬吊导线，才可以将电传导到很远很远的地方。

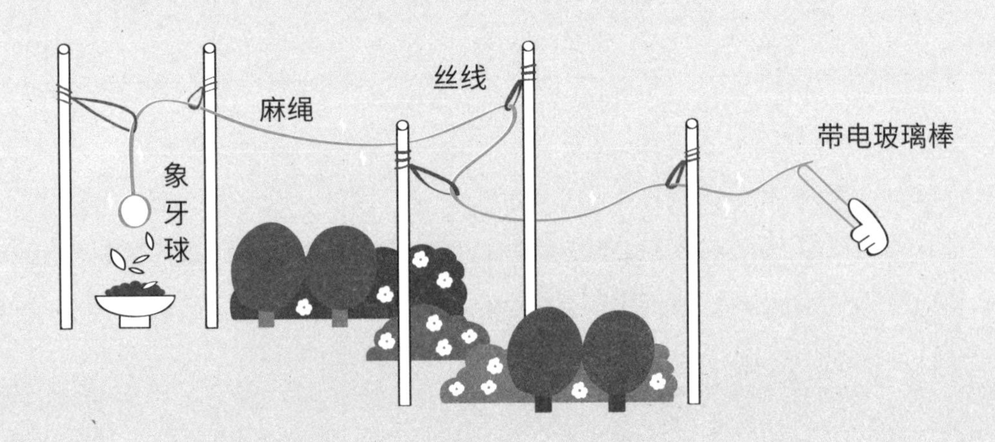

惠勒立刻向皇家学会报告了这个实验结果，格雷也迫不及待地写信告诉友人约翰·德扎古利埃（John Desaguliers，1683—1744）。德扎古利埃很擅长把科学实验设计成华丽的“科学表演”，在上流社会的社交场合演出。他为格雷把那些会导电的物体，例如金属，命名为“导体”（conductor）；而把那些无法导电的物体命名为“绝缘体”[①]（insulator）。

查尔斯·弗朗索瓦·德·西斯特纳·杜菲
1698—1739
法国科学家

这些实验吸引了两名外国科学爱好者，他们远从法国跨海前来参观。其中一人名叫查尔斯·弗朗索瓦·德·西斯特纳·杜菲（Charles François de Cisternay Du Fay），跟格雷一样，是“业余”的科学爱好者，但差别是他在皇家花园里担任管家，所以有钱又有时间，可以从事自己喜爱的科研工作。杜菲回到法国后，也跟格雷一样做起了电的实验。

他发现，摩擦后的玻璃棒和玻璃棒之间会互相排斥，摩擦后的琥珀和琥珀之间也一样。但奇怪的是，摩擦后的玻璃棒和摩擦后的琥珀之间却会互相吸引。于是，他利用摩擦后的玻璃棒和琥珀测

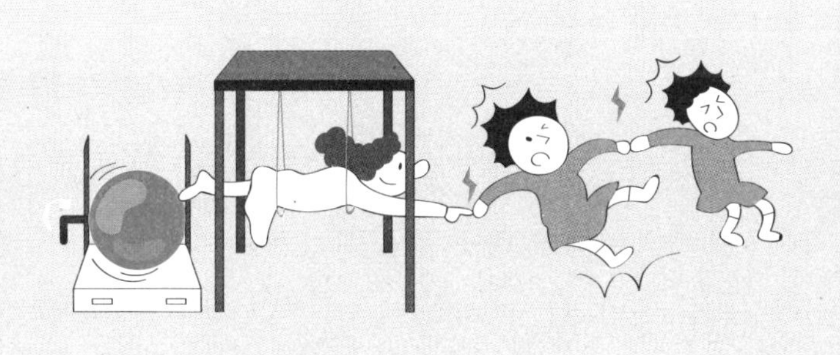

①绝缘体：是指在通常情况下不传导电流的物体。绝缘体中也分布有正负电荷，只是正负电荷束缚得很紧，可以自由移动的带电粒子较少。

试其他物体，发现和玻璃棒相吸的，就会和琥珀相斥；而和玻璃棒相斥的，就会和琥珀相吸。经过仔细分析，他提出了一个全新的理论：

电有两种，一种是“玻璃电”，一种是“琥珀电”。
而且同性会相斥，异性会相吸。
玻璃电
琥珀电

能产生“玻璃电”的物体还包括水晶、宝石、动物皮毛等；能产生“琥珀电”的物体还包括松香、丝绸、纸张等。“琥珀电”也被称作“松香电”。

这么一来，格雷的实验再加上杜菲的发现，人们终于解开了“为什么羽毛刚开始受带电的硫黄球吸引，接触硫黄球后反而变得排斥”的问题。这个现象的解释就是：

格雷
羽毛被带电的硫黄球吸住时，球上的静电会“传导”到羽毛上。

杜菲
羽毛与硫黄球因为携带了同种电荷，所以“同性相斥”。

羽毛先被硫黄球“吸引”随后又被“排斥”的科学悬案，经过这么多年后终于真相大白了。

终于，因为“电传导”的重大发现，格雷受到英国皇家学会的认可。（这时，主导整个皇家学会的牛顿已经过世，皇家学会的会长换人了。）但是格雷仍旧无福消受这迟来的认可，因为这时候的他实在是太穷了，穷到连加入英国皇家学会的会费都付不起！

“飞行男孩”静电感应实验

格雷发现“电传导”以后，更进一步发现，带电物体能在没有任何直接接触的情况下，使靠近自己的物体带电，这就是“静电感应”现象。

他为此设计出著名的“飞行男孩”静电感应实验。他把一个八岁的男孩用绝缘的丝绸线“挂”起来，使男孩看起来就像在空中“飞行”一样，然后用摩擦后生电的玻璃管碰触男孩的脚，结果男孩的脸和手竟然在没有和谷壳、纸屑直接碰触的情况下，使谷壳、纸屑也感应生电，互相吸引，甚至隔空吸起其他轻巧的碎屑！

玻璃管将电传导给男孩，男孩身上的电隔空让轻巧的谷壳、纸屑感应带电，向男孩飞去。

为什么是我？
这就是格雷的“飞行男孩”静电感应实验。

德扎古利埃抢尽风头

这番景象，在当时就像魔术表演似的，引起了很大的轰动。德扎古利埃把“飞行男孩”静电感应实验改编成了华丽而有趣的科学表演，在欧洲各地演出。德扎古利埃聪明地在表演中加入戏剧化的桥段，他要求带了电的“飞行男孩”将手指靠近书本，然后一挥手，书本就会立刻神奇地隔空自动“翻页”！他还故意把室内的光线调暗，然后请一位观众上前，用手指触摸男孩的手指，这时观众的手指会马上触电，甚至“啪”的一声冒出明亮的火光！这些神奇的现象娱乐效果十足，常常引得观众连声叫好，给大众留下了深刻的印象。

就这样，经过一段时间以后，德扎古利埃的知名度远远超过格雷。一般人提起“电传导”与“静电感应”时，首先想到的是德扎古利埃，真正发现这些现象的格雷反而被大家忽略了。

所以，在1736年格雷过世的时候，他既没有雕像，也很少被人们提起。不少人甚至错把德扎古利埃的肖像当成格雷的肖像；而格雷——那个发现“电传导”与“静电感应”的重要科学家，却连一张像样的肖像都没有留下。

我是德扎古利埃，不是格雷，不要搞错了！

快问快答

1 杜菲把电荷分为“玻璃电”和“琥珀电”，美国科学家富兰克林后来为什么硬要改成“正电”和“负电”呢？这样是不是对前辈不够尊重啊？

误会啊！这单纯是富兰克林发展出不同理论的缘故。杜菲认为电可分为“玻璃电”和“琥珀电”两种流体，是“双流体理论”；但富兰克林研究后认为电流体应该只有一种。所以，当物体内的电流体多于外界时，他称为“正电”；比外界少时，他称为“负电”。虽然后来的研究证明了事实跟富兰克林设想的不同，但他提出的“单流体理论”还是对电学有着重大贡献。

2 我还是不懂“飞行男孩”实验中的静电感应现象，能不能解释得再清楚一点儿？

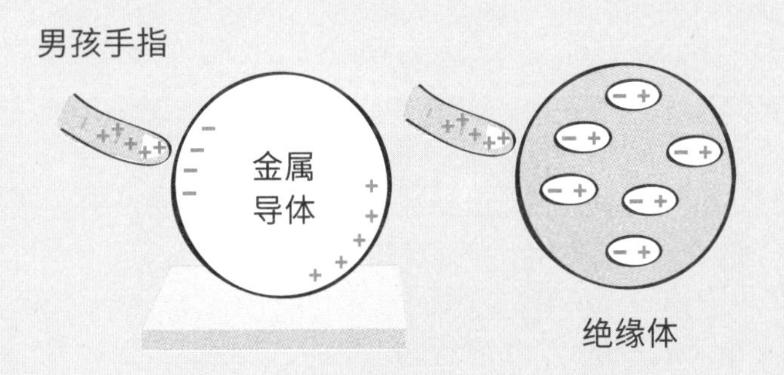

当“飞行男孩”将带正电的手指靠近物体时，物体内的负电会被手指上的正电吸引过来，使物体不同侧因电荷集中而带电，从而吸引其他物体，这就是静电感应现象。不过金属导体内的电子可自由移动，而“飞行男孩”实

验中常用的纸片是绝缘体，里面的电荷只能稍微错开，不过带电量还是足以吸引其他轻巧的纸屑。

LIS影音频道 

扫码回复
“物理第11课”
获取视频链接

【自然系列——物理／电磁学02】（导电性）亲爱的，我把电放到你身上

英国绅士格雷和法国科学家杜菲通过吸引花瓣实验，推测金属具有容易“让电流通过”的特性，而非金属却没有！

【自然系列——物理／电磁学03】（两种电性）相吸相斥谁知道？

继格雷发现电可以传导的特性后，杜菲摩擦各种物体，发现电其实有两种，终于能解释羽毛先被硫黄球吸引，随后又被排斥的现象了！

第 12 课

电力知多少？

库仑

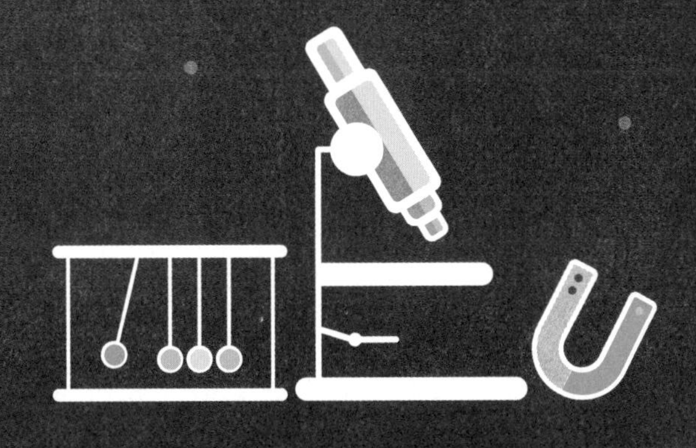

大家说说看，这两个公式哪里一样？
$\frac{KQq}{r^2}$
$\frac{GMm}{r^2}$
我知道……一样很难！

要说十八世纪是一个“电学”的世纪，一点儿都不为过。因为紧接着电传导、静电感应，还有两种不同的电性被发现以后，能够储存电力的“莱顿瓶”，也在1745年问世了。

大家可别小看莱顿瓶，虽然它看起来只是个简单的玻璃罐，再加上一根铜棒和内、外两层锡箔纸，但莱顿瓶的出现可谓人类物理史上的一次重大飞跃。因为在此之前，人类只懂得摩擦生电，却没有办法储存电力。现在有了莱顿瓶，人们可以把大量的静电累积、储存起来备用，能够进行的电学活动也更广泛多样，更普遍了。

我发明了“莱顿瓶”，因为最早在莱顿地区使用，所以叫作“莱顿瓶”。

彼德·马森布罗克
1692—1761
荷兰科学家

新奇的电变成娱乐表演

当然，不是每个人拿到莱顿瓶，都想严肃地钻研电的本质和电的科学特性。在那个没有电视和网络，娱乐节目极其稀缺的年代，科学家发现

莱顿瓶

橡皮瓶塞
铜棒
内层锡箔纸
玻璃瓶
外层锡箔纸
金属链

将莱顿瓶的球形电极接上静电产生器，内层锡箔纸通过金属链与铜棒相连，外层锡箔纸则接地，这时瓶子内、外部的金属，就会携带电荷量相等但极性相反的电荷，这样一来电就能被存进莱顿瓶中了。

在十八世纪的宴会上，宴会主人经常雇用“通电人”带着图中所示的起电机娱乐宾客。“通电人”请女士站上绝缘的木凳，然后转动起电机在女士身上累积静电，等男士用嘴唇亲吻女士时就会“啪”的一声触电，冒出火花。这在当时是非常新奇的游戏，经常逗得来宾哈哈大笑。

的电，就变成了时髦的娱乐节目。想象一下，看着电学家用莱顿瓶电死老母鸡，或是让几百个手牵着手的修士同时触电跳起来，是多么不可思议的事啊！当时，欧洲甚至出现了一种叫“通电人”（electrifier）的新兴职业，“通电人”会带着摩擦起电机或莱顿瓶，在大街小巷巡回演出。从最廉价的市场表演“电一次，一先令①”，到高级沙龙里给男男女女尝鲜的“来电之吻”，都让那个年代的人们倍感新鲜，争先恐后地想体验那种“被电到的神奇瞬间”。

鲁芙，你当电学家，我当“通电人”就好啦！
人各有志，两种职业都不错。

①先令：英国的旧辅币单位，1英镑等于20先令。

电学发展遇到阻碍

当然，这些“通电人”不像科学家饱读电学知识，他们只在意如何娱乐大众、赚得盆满钵满，并不关心电学的研究发展。而在真正的电学家眼中，这些高人气的通电表演则显得贫乏无聊。因为这些“定性”的现象，比如电会吸引与排斥，会传导与感应，甚至会引起火花，电学家们老早就知道了。而“电荷与电荷之间的力”如何“定量”，也就是“静电力到底有多大”，才是电学家们有兴趣探索的事。

要测出电荷之间的静电力，比设计娱乐节目要难上好多倍。因为电力非常微弱，比生活中的各种力都小得多，用当时常用的测量工具例如天平、弹簧秤，很难精准地测量出来。

受万有引力启发的电研究

1755年，美国电学家本杰明·富兰克林（Benjamin Franklin）做了一个“空罐实验”。他让一个空的金属罐带电，然后用绝缘的丝线吊着一个软木球，小心地放进空罐内，结果发现，软木球一点儿动静也没有，感觉电荷只分布在空罐的“表面”，至于空罐的“内部”则好像不带电，对软木球完全没有吸引力。

富兰克林把这个发现写信告诉了远在英国的一位朋友——约瑟夫·普利斯特里

本杰明·富兰克林
1706—1790
美国政治家、电学家

老兄，你觉得这个实验怎么样？

嗯，我觉得跟万有引力很像……

约瑟夫·普利斯特里
1733—1804
英国牧师、化学家、教育家

（Joseph Priestley）（没错，就是发现氧气的那一位，有兴趣的同学请参见《科学史上最有梗的20堂化学课》上册第55页），希望普利斯特里也抽空做个实验，帮忙验证一下。

因为牛顿在1687年证明，如果万有引力符合平方反比定律，则均匀的空球壳对壳内的物体就没有作用。普利斯特里发现，富兰克林的“空罐实验”，与这个现象很相似。

结果，普利斯特里不但不负所托，证实了富兰克林的实验结果，还进一步提出了一个想法：

“电荷之间的吸引力或排斥力，会不会像物体间的万有引力一样，都符合平方反比定律，也就是电力与电荷间的距离平方成反比呢？”

普利斯特里根据实验提出的这个论点，终于给电力大小的研究正式起了个头儿。只是为什么明明是电力，普利斯特里却把它跟万有引力的公式联系在一起呢？而且这么做的还不止他一人，早在普利斯特里之前，德国的弗朗兹·马里亚·乌尔里奇·西奥多·艾皮努斯（Franz Maria Ulrich Theodor Aepinus，1724—1802）、瑞士的丹尼尔·伯努利（Daniel Bernoulli，1700—1782）和其他许多学者，都曾提出过类似的想法。关于这一点的解释，我们要反观当时的大时代背景，这跟科学家们集体崇拜的超级偶像有关系。

这个超级偶像不是别人，正是脾气有点儿拗、在科学界人缘不好，却提出三大运动定律，又发现万有引力的大科学家——艾萨克·牛顿。牛顿运用数学和科学理性的方式，甩开宗教和神秘学，充分解释世界万物之间的运行规律，被认为是科学革命的代表。这场科学革命更在其他领域掀起“启蒙运动”，人们希望将科学的理性精神，也用在政治、社会、艺术，甚至宗教之上。

总之在当时，牛顿就是如同神一般的存在，许多人因此认为“神人”提出的万有引力，应该可以解释一切“隔空吸引的力”（也就是我们现代所说的“超距作用”①），比如电力、磁力。所以，计算“静电力”的公式应该也跟计算“万有引力”的公式一样，符合同样的规律。

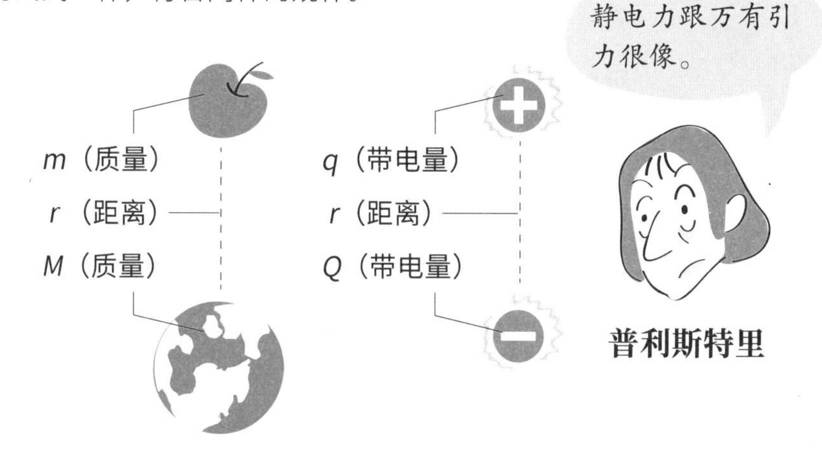

换句话说，在还没用实验证明之前，不少科学家就已经先入为主地“相信”，只要利用“神人”牛顿的万有引力公式，把“质量”换成“电量”，就可以计算出电荷之间的静电力。

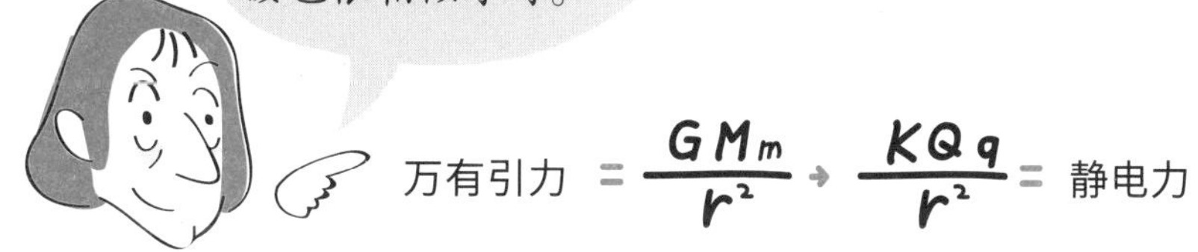

只不过讲起来容易，真要做实验来加以验证却没那么简单。因为当时还没有适当的工具，要测量电荷的电量（上面公式中的Q和q）和微弱的静电力，都是很难完成的任务，直到有一位名叫查利·奥古斯丁·库仑（Charles Augustin de Coulomb）的军官自信地宣称他能办到。但是他真的能完美地证明，静电力公式跟万有引力公式具有相同的规律吗？下面就让我们一起看看，库仑、电扭秤与“库仑定律”的故事。

①超距作用：在物理学里，超距作用指的是分别处于空间两个不相连区域的两个物体彼此之间的非局域相互作用。在早期的引力理论、电磁理论里，超距作用这一术语经常用于描述物体因遥远物体影响而产生的现象。

电扭秤与0.04的误差

查利·奥古斯丁·库仑
1736—1806
法国军事工程师、物理学家

1736年，库仑出生在法国西南部城市昂古莱姆。不久后，他和家人就搬到了法国的首都巴黎。他的母亲非常重视孩子的教育，小小年纪，库仑就折服在数学的魅力之下，立志成为数学家。可惜，他的父亲投资失败，库仑只能随父亲一起离开巴黎。直到1760年，库仑才回到巴黎参加了皇家工程学院的考试，并取得了优异成绩。1761年，库仑大学毕业，时年二十五岁。

大学毕业后的库仑进入法国军队，成为军队里的工程师。1764年，库仑被派往西印度群岛担任技术军官，率领一千多名工兵在外岛兴建防御工程。岛上的生活非常艰苦，许多士兵染病死亡，就连库仑也因体力不支而倒地好几次，差点儿魂归异乡。不过在这段时期，他积累了丰富的实践经验，在结构力学、土壤学、化学、应用力学等方面都打下了扎实的基础。1772年，当三十六岁的库仑因为过度劳累而病倒，军方不得不将他调回法国本土休养时，他已经是一位身经百战、经验丰富的力学大师了。

那个时候，由于船舶航行的需要，法国科学院提供了一笔奖金，奖励能找出指南针与磁力之间规律的人。当时的人们虽然已经知道磁极之间“同极相斥，异极相吸”的现象，就像电荷之间的一样；但是磁极与磁极之间、电荷与电荷之间，究竟有多大的力，其中的规律是什么，还没有人能说得清楚。

于是，库仑在国家的需求与科学的号召之下，开始用自己的力学知识研究这些问题。他一开始研究的是“磁力”，他把磁铁分为两种磁核，而且也不可免俗地认为磁核之间的作用力符合偶像牛顿“万有引力定律”的规律。后来，他更把研究拓展到同属非接触力的电力上。

“那么，电荷与电荷之间的规律呢？我想……也跟万有引力差不多吧！”他心里想。

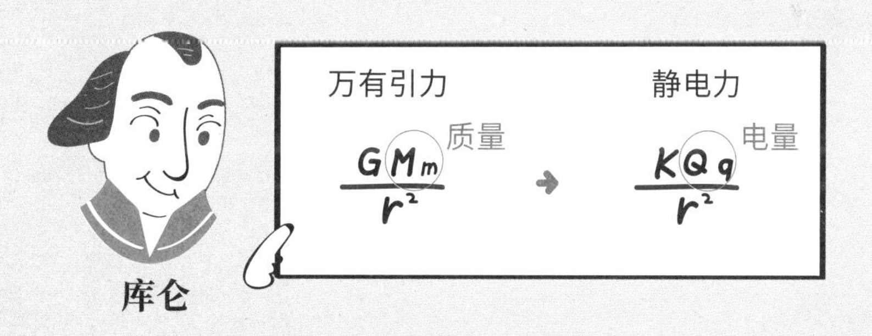

只是，如果要把万有引力公式中的“物体质量”换成“电量”，他必须克服两个难题。一个是Q和q，也就是电荷的电量，无法像物体的质量一样用天平和砝码就能测得；另一个问题则是静电力太微弱，测量起来非常困难。

还好，关于测量电量的问题，他在军中进行工事的过程中，曾经发现物体的带电量会使彼此扭转的角度改变，于是他很快就找到了突破的方法——他把一条带负电的布条挂起来，用两颗大小相同的铁球A球和B球做测试。他发现，当带电的A球靠近布条时，布条会被排斥；当不带电的B球靠近相隔同样距离的布条时，布条则没有反应。但是当A球与B球接触后再分别靠近布条时，布条被排斥的幅度竟然减少了一半！而且，布条被A球和B球排斥的幅度是一样的！

①A球有电，布条被排斥

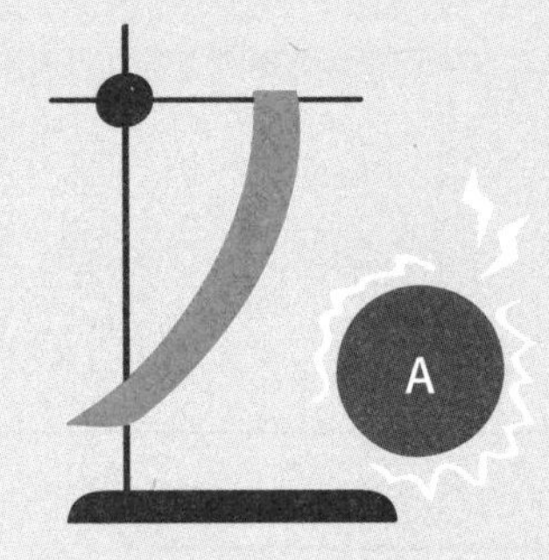

②B球无电，布条不动

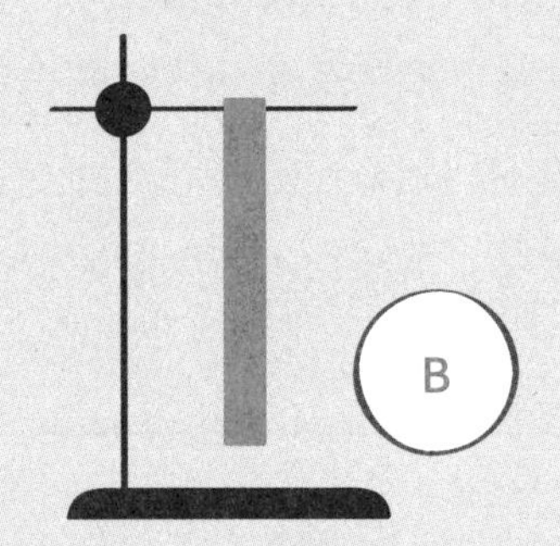

③A球碰B球，电量均分

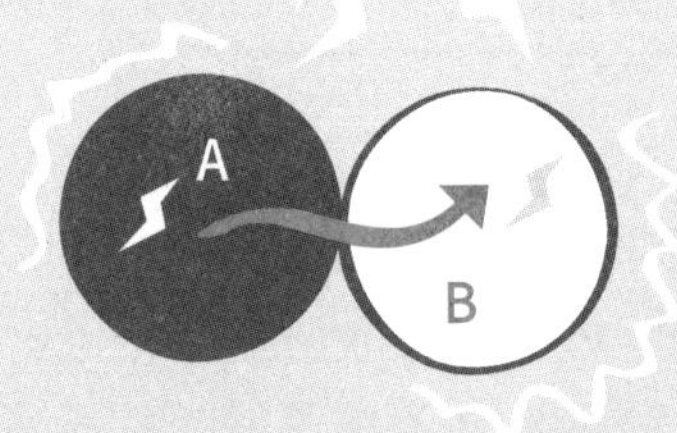

④A球和B球分别靠近布条，布条被排斥的幅度减半

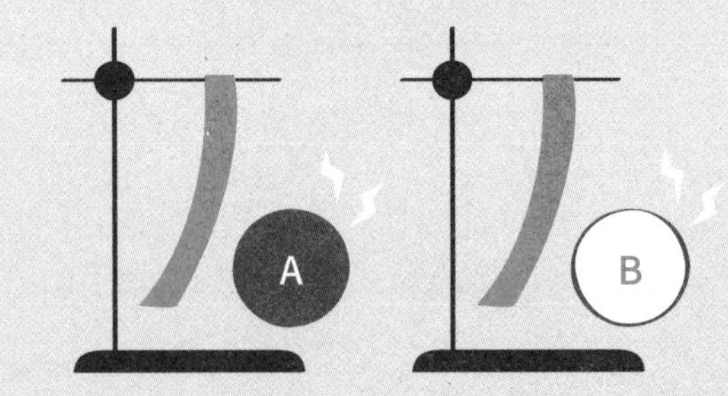

所以，库仑认为，带电物体与不带电的物体接触时，电量会被平分。借着这样的规律，他将第一个物体的带电量设定为q，然后分别用q、$q/2$、$q/4$、$q/8$等不同带电量的物体测试布条被排斥的幅度。结果发现，带电量越多，静电力就越强，而且“静电力与电量的乘积成正比”！

“呼——静电力公式存在的两大难题，总算解决了一个。”库仑心里放下了一块大石头，但是他知道事情还没完，“接下来，就是电力与电荷间距离的平方成反比关系的问题了。”

他花了很多年的时间来突破这个难题，中途也做了其他力学的研究，还找出了十二项影响摩擦力大小的因素，比如接触面的粗糙程度、接触时间、物体移动速度等，而且每项都有具体的实验证明和计算公式。他也因为卓越的摩擦力研究，在1782年当选法国科学院的院士。

不过，这还不是库仑在物理学历史上最光辉的时刻。直到1785年，库仑终于发明出一种新的测力工具——电扭秤，来解决静电力公式存在的第二个难题。这大大推进了物理学的发展，后来“库仑定律”也成为电学研究领域非常重要的基础定律。

“太好了，我这个电扭秤真是太厉害了！让我来计算看看，静电力与距离之间的数学关系是……”库仑拿起笔，在纸上进行精密的计算。

“嗯？”经过计算之后，库仑不知道是自己的眼睛出了问题，还是纸上的数字有问题。

利用C球与A球之间旋转的角度，就能知道C球与A球之间的静电力（排斥）有多大。这样一来，只要测量C球与A球之间的距离，就能得知电荷之间的静电力与距离的关系了。

B球是绝缘体，只是用来平衡A球的重量。用带电的C球碰触A球以后，A球与C球就会携带同样的电荷，并且互相排斥。

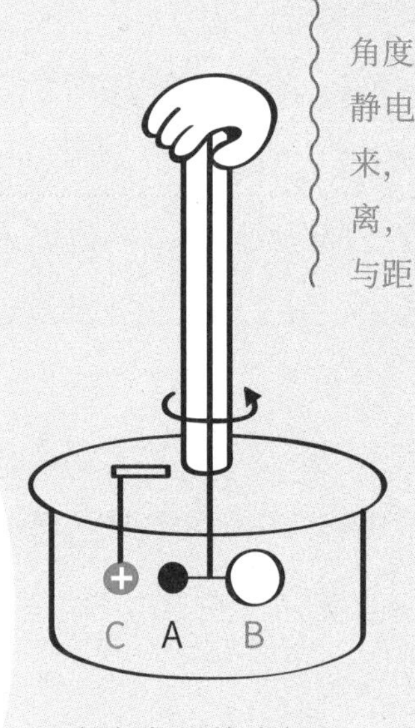

库仑发明的电扭秤

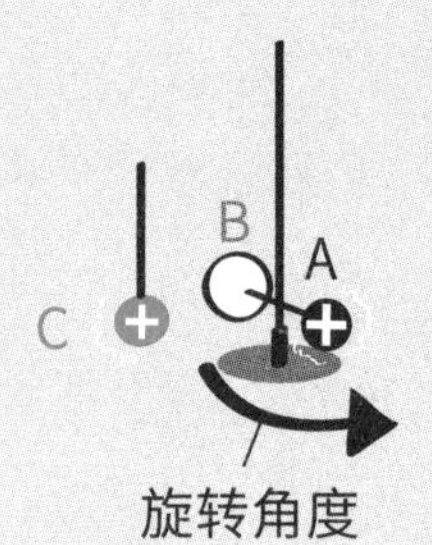

旋转角度

“怎么不是2次方，而是2.04次方呢？”

“差了0.04，这怎么办？”库仑看了结果后，很苦恼。

“唉，算了。伟大的牛顿怎么可能出错呢？静电力一定符合万有引力的规律，与距离的2次方成反比。这0.04应该只是我做实验造成的误差，删掉它就没事了。”

于是，库仑于次年发表了他精心证明的静电力公式，后人称之为“库仑定律”。

但是，如果库仑能发挥追根究底的精神，勇敢地讲出“喂，我们大家都猜错了！牛顿大师也错了！我的实验证明，与静电力成反比的应该是距离的2.04次方，而不是2次方”，结果又会怎样呢？

$$\frac{KQq}{r^2}$$

后世的科学家运用更精密的仪器和更准确的实验方法，的确验证了那个争议数字不是“2.04”，而是越来越靠近“神人”牛顿找出的“2”。

哇，竟然被库仑蒙对了！

虽然库仑顾虑牛顿的权威，删去了0.04的误差，在自己的科学生涯中留下了瑕疵，但库仑仍创造出了无与伦比的贡献。因为直到他提出“库仑定律”，电的研究才从“定性”的年代，大步跨入“定量”的年代。往后的电学家不只能够观察到电的现象，还能精确地计算出电力的大小。忽略这个小小的瑕疵，库仑所带来的科学影响，无疑是非常巨大的！

你别这么说，要蒙对这么艰难的命题，还是要有两把刷子的呀！

快问快答

1 文中提到了富兰克林的“空罐实验”，但大家经常谈到的是他的“风筝实验”，这是什么实验呢？

当时还没有人知道雷电的本质到底是什么。一开始是莱顿瓶放电产生的电火花和噼啪声，让富兰克林觉得很像天空中的雷电，所以他大胆地设计了“风筝实验”，用风筝把雷电引到地面上的莱顿瓶里，结果真的成功地“捕捉”到了天上的电，由此也证明了天上的电跟地上的电是一样的。富兰克林最大的贡献之一就是统一了天上和地上的电。

之后他又发明了避雷针，利用“尖端放电”的原理把天上的雷电引到地面上，这样就可以使人类的房子免受雷电的攻击。有趣的是，刚开始教会是反对使用避雷针的，因为教会认为天上出现雷电是上帝在发怒，避雷针会保护坏人逃过上帝的惩罚！但是一百多年以后，有些教会也开始使用避雷针，毕竟教会的房子也怕遭雷击嘛！

2 莱顿瓶可以储存静电，似乎很有趣！莱顿瓶可以自制吗？

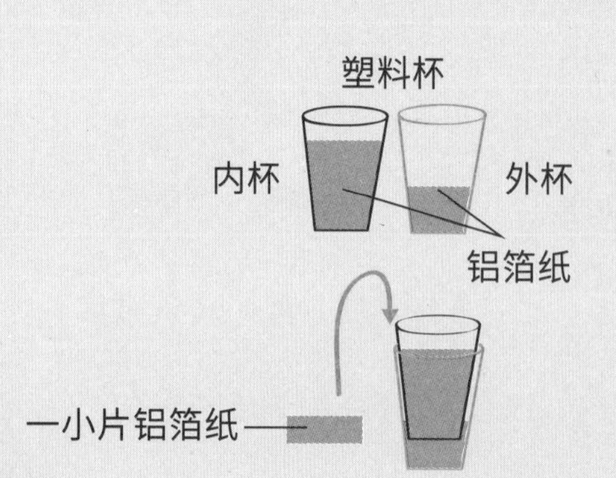

当然可以！请准备一卷铝箔纸、两个形状和大小一样的塑料杯，按照以下步骤制作：

（1）在两个塑料杯外各包上一层铝箔纸，一个包得高一点儿，另一个包得低一点儿，尽量贴合平整。

（2）将两个塑料杯套在一起，铝箔纸高的在内，低的在外，杯子接地。注意：杯

子间的铝箔纸不能接触。

（3）另外撕下一小片长条形铝箔纸，塞进两个杯子间，接触到内杯的铝箔纸，但不能接触到外杯的铝箔纸。莱顿瓶就这样完成了！

接着，请拿出一把塑胶尺和一块布。用布摩擦塑胶尺，使塑胶尺带电后，轻轻地与塞在两层杯子间的小片铝箔纸接触。如此反复十到二十次（天气干燥时次数少，潮湿时次数要增加）后，用一只手摸外层铝箔纸，再用另一只手摸小片铝箔纸，你就会触电啦！

莱顿瓶的制作原理如下：一开始杯子是电中性的（图①），但用摩擦后带负电的塑胶尺接触两层杯子间的小片铝箔纸后，内层铝箔纸也会带上负电，并且使外层铝箔纸有静电感应（图②），又因为杯子接地，外层铝箔纸会流失负电而带正电（图③）；最后，当你一只手摸外层铝箔纸，另一只手摸小片铝箔纸时，电路就会被接通，从而使电流流经你的身体，因此你就会感觉到触电了。

3 我曾在书上看到，“库仑”被拿来当作电的单位。“库仑”指的就是那位电学家库仑吗？

没错。库仑发现的“库仑定律”，对电学的研究非常重要，所以后来人们为了纪念他的功绩，用他的名字作为电荷量的国际单位，符号为C。一库仑相当于$6.241\,46\times10^{18}$个电子所带的电荷总量。

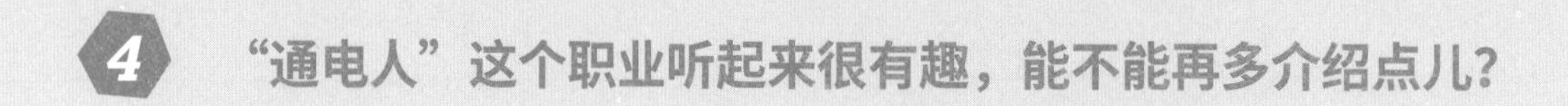

4 “通电人”这个职业听起来很有趣，能不能再多介绍点儿？

从十八世纪初期开始，大众纷纷为电着迷，“通电人”表演的类型也多种多样，而且表演内容会因表演者本身的财力、形象和观众风俗习惯的不同而有所区别。资金较多的“通电人”可以进行大型的、有华丽道具的演出，像第11课提到的“飞行男孩”实验就是当时很受欢迎的大型表演。成本较低廉的通电表演，则往往在市场或港口进行，经常是用简单的起电机设摊，工人和渔民只要花几个铜板就能触摸到电、体验刺麻的新奇快感。有些“通电人”还会扮起江湖郎中，宣称能用电治疗患者的疼痛，例如牙痛。人体的痛觉可能会因通电而暂时麻痹，这在那个医学不发达的年代，多少有点儿安慰人心的效果吧！

LIS影音频道

扫码回复
“物理第12课”
获取视频链接

【自然系列——物理／电磁学04】（库仑定律）0.04的误差

牛顿的理性科学观引领了科学革命和启蒙运动。库仑和卡文迪许都超级崇拜牛顿，甚至相信带电物体间的作用力和万有引力规律相同。库仑要如何观察带电物体间的作用力呢？

第 13 课

温度到底是不是热？

布莱克

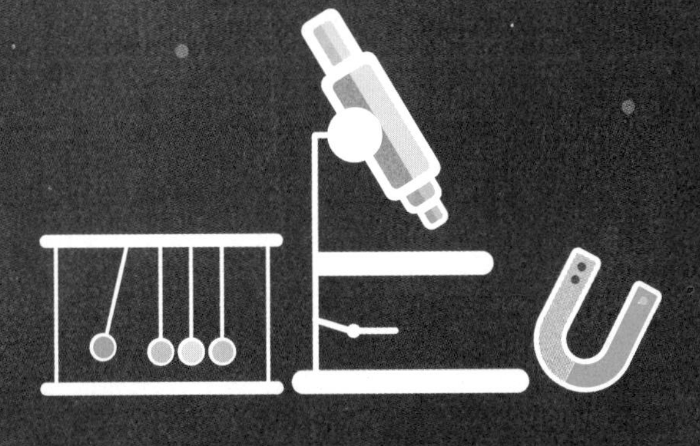

今天上课要泡
茶吗？
不是啦，这是测量温
度的仪器！
LIS

时间进入十八世纪，人类社会迎来了科技发展史上的一次巨大革命，那就是历史上的第一次“工业革命”。在工业革命前，大部分的人以农牧为生，居住在恬静的牧场田园；但是工业革命以机械取代手工劳动以后，大批农民开始离开乡野成为工厂工人，嘈杂的机器声打破了往日的宁静，高耸的烟囱更是冒出浓浓的黑烟，工业革命彻底改变了人类社会的面貌。

这场革命是从英国开始的。远离罗马天主教廷的英国，拥有比较自由的科学风气，工业革命的种子就在拥有自由科学风气的英国土壤上，生根发芽，茁壮成长。

工业革命带动热学研究

你可别以为当时的“机器”跟现代的一样，只要“插上电”就能进行自动化生产。就像前两堂课提到的，当时的“电学研究”还只是新奇好玩的娱乐项目，科学家们还在摸索静电，还没进入研究“电流”的阶段；更别提一插电就能使用的插头、电线和城市电网了。

十八世纪的机器依然主要依靠水力、风力、畜力或人力来驱动。直到“蒸汽机”的出现，才开始通过烧煤、烧木材来驱动机器，这时，工业革命才“火力”全开，以星火燎原之势推动人类进入一个巨大变革的时代。

在这样的时代背景下，应该不难猜到，工厂的主人、贵族、投资者，最热切期盼的是关于什么领域的科学研究。

没错，就是“热”！热学关系到烧多少煤能转换成多少财富，所以，能帮助提高机械效率、降低生产成本的热学研究在十八世纪受到重视，一点儿也不足为奇。

第一次工业革命

第二次工业革命

第三次工业革命

第四次工业革命

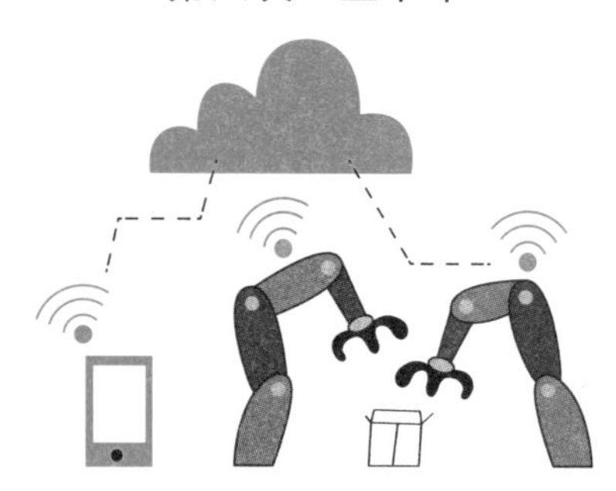

人类历史上有四次工业革命。第一次是由蒸汽机带动的，第二次是电力，第三次是计算机，第四次则是物联网与人工智能。

老师，我头好热，我要请假！
我有温度计，别想骗我。

提到热，人的眼睛看不见，只能用手感觉温度；所以在很长一段时间里，人们以为温度就是热；温度高就代表热多，温度低就代表热少。但是温度高到底是多高，如果要跟其他科学家讨论热，该用什么温度单位或标准呢？因此，在挖掘热的本质之前，科学家们花了近两百年的时间苦练基本功，那就是研究测量温度的方法、发明温度计，以及建立好用、通用的温度标准。

从验温器到温度计

1593年，伽利略利用空气“热胀冷缩”的特性，发明了世界上第一个测量温度的工具。他把一颗鸡蛋大小的玻璃球接上细玻璃管，用手握住玻璃球一段时间，等玻璃球内的空气“热胀”以后，将细玻璃管的另一端倒插进一个装水的容器中；然后等玻璃球的温度降回室温，球里的空气“冷缩”，容器里的水就会往细玻璃管里升高。这时，他的“温度计”就完成了。用它来测量温度时，只要遇到“热胀冷缩”，水柱里的水就会呈现高低变化。

伽利略

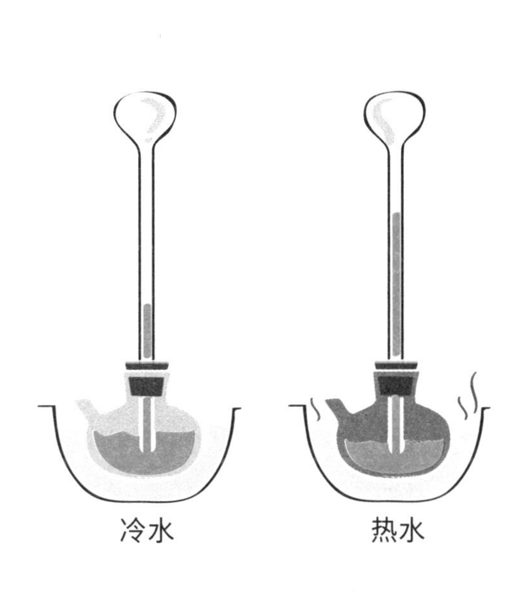

冷水
热水

没有刻度怎么看温度啊？还是现代的温度计好用。

只是，这种装置与其叫作温度计（thermometer），还不如说是“验温器”（thermoscope）；因为它既没有刻度，也无法精确测温。

但是伽利略验温器的出现，仍旧是在热学研究领域跨出的重要的一步。接下来，验温器被不断改良，从利用空气的热胀冷缩，到改用水，再到改用水银或酒精。

1742年，瑞典的天文学家安德斯·摄尔修斯（Anders Celsius，1701—1744）提议将水的冰点和沸点之间的温度等分，每一等分为“一度”。为了避免测量低温时出现负值，他索性把冰点定为一百度，沸点定为零度，跟现代的温度标准刚好相反。后来他的同事建议把这种标度颠倒过来，我们现代国际通用的“摄氏温标”——冰点0°C，沸点100°C，才正式登场。

1724年，我发明了华氏温标：℉。

丹尼尔·加布里埃尔·华伦海特
1686—1736
德国物理学家

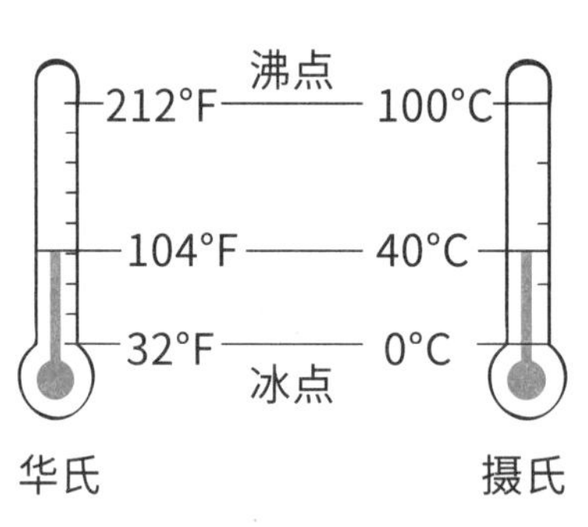

安德斯·摄尔修斯
1701—1744
瑞典天文学家

1742年，我发明了摄氏温标：°C。

温度等于热吗？

有了温度计和温标，人们总算可以好好测量热了！但是，当时的科学家还是常说“这个物体含有三十‘度’的‘热’”或是“A的热比B的热多五度”一类的话，从他们说话的语病就可以知道，当时的学者把“温度”看成了“热”。不少人甚至开始在这个错误的基础上，大胆地提出自己的热学见解。

其中最有名气的一位，就是荷兰的医生兼植物学家赫尔曼·布尔哈夫（Hermann Boerhaave）。布尔哈夫把40°F的冷水，跟80°F的热水等量混合，得到了60°F的温水！他认为是80°F的热水把“二十度的热”给了40°F的冷水，所以40°F的冷水加上“二十度的热”，就变成了60°F！水的温度就是热，物体混合时会交换热，所以温度可以直接交换、加减，听起来也非常合理。

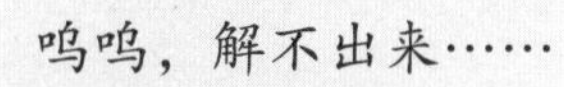

只不过，自信满满的布尔哈夫，很快就被自己接下来的另一个实验难倒了。这次他改用的是100°F的水与150°F的水银，结果混合后的温度竟然是120°F，而不是原先预期的125°F！

这让布尔哈夫非常头痛，“温度交换”听起来非常合理，但是为什么实验结果却不像预期的那样呢？

当时，这个未解之谜被称为“布尔哈夫难题”。直到二十年后，英国科学家约瑟夫·布莱克（Joseph Black）才参透其中的道理，找到科学家们在热学游戏里“卡关”许久的根本原因。

破解“布尔哈夫难题”

“奇怪了！这是怎么回事？”

在实验室里研究冰块融化的布莱克，用手挠了挠自己的头。他注意到实验结果有些蹊跷，跟他长久以来接受的教育“热就是温度，温度就是热”不一样。

约瑟夫·布莱克

1728—1799

英国医生、热学家、化学家

当时正是1757年，布莱克刚从英国格拉斯哥大学的博士生，正式升任为教授。他注意到前两年的冬天特别冷，但是户外厚厚的积雪却没有想象中那么容易融化，于是他准备了两个一模一样的烧杯，做了一个关于冰的实验：

他把两个烧杯同时挂在一个房间里，计

算两个烧杯上升到室温所需要的时间。

结果，明明两个烧杯的温度只差一点点，烧杯A只花了半个小时的时间就上升到了室温，而烧杯B却用了整整十个小时的时间！

“这不合理呀！明明温度差不多、热也差不多，所花的时间应该也差不多才对……”

“难不成……”布莱克试着让自己的思维跳出旧有的框架，“难不成‘冰’变成‘水’也需要吸收热？！”

“对了！一定是这样！冰要从周围吸收足够的热，变成水以后，温度才会继续上升！原来热和温度是不一样的！难怪烧杯B上升到室温需要多花那么长时间，我找到这一现象背后的原因和道理了！”

兴奋的他经过缜密的思考，创造了两个新的名词：

潜热

潜伏的热／冰融化成水所需的热／温度计量不出来

显热

显而易见的热／手可以感觉到的热／温度计可以量出来

但是既然冰融化成水需要潜热，那么水汽化成水蒸气，是不是也一样需要潜热呢？他设计了烧水的实验来验证自己的想法：

把温度计放进一锅水中，然后将锅中的水缓缓加热，使水温慢慢上升到

100°C。接着，继续加热，水开始沸腾，汽化成水蒸气，温度却一直停在100°C，不再变化。这个结果证实了他的想法，原来水在固态、液态、气态三者之间转换时，会吸收或放出“潜热”，但是温度却不会发生变化。

“原来热和温度是两码事……我们应该把‘热’看成‘热的分量’（或数量），把温度看成‘热的强度’。”

举例来说，把一磅[①]重的水与两磅重的水用同样的加热器加热到相同温度，你会发现加热两磅水所需要的时间是一磅水的两倍，由此可见两者的温度（热的强度）达到一样时，获得的热（热的分量）却相差一倍。热与温度的差别很明显，只是长久以来人们无法厘清，容易把它们混淆罢了。

这么简单的实验，
我也会做！

布莱克能从简单中看出重点，这才难能可贵！
LIS

① 磅：英美制质量或重量单位，1磅约合0.453 6千克。

布莱克的实验以现代的眼光来看，一点儿都不难，似乎只要有温度计，人人都能在家轻松进行。但是在那个年代，他的“潜热”“温度不同于热”却像开山斧一样，让科学家们有了更好的工具，在“热学”新开发的领域中披荆斩棘。

不仅如此，布莱克后续又发现：不同的物质要上升到相同的温度，需要的热量不同，因而提出了“比热”的概念。“布尔哈夫难题”正是因为水银和水的“比热”不同，所以150°F的水银与100°F的水混合，温度才会是120°F，而不是125°F。

困扰人们多年的“布尔哈夫难题”终于迎刃而解。布莱克不但以热学观念启发，更以实际的金钱资助瓦特改良蒸汽机，推动工业革命，改变人类的命运。

瓦特，这些钱拿去研究如何改良蒸汽机，借给你啦！

这才是真正的好朋友，你也借给我一点儿钱吧！

想得美！

不过，专注于学术研究的布莱克，并没有因此得到任何商业利益。他虽然成功区分了热与温度的不同，却仍然深陷在旧有、错误的热学框架里。布莱克依然相信“热质说”，认为“热是一种物质”。至于“热质说”后来发生了什么故事，就要看看四十年后“热质说”与“热动说”的世纪对决了。

快问快答

1 常见的温度计有酒精温度计和水银温度计①两种。这两种温度计有什么优缺点？为什么平时测量体温时多用水银温度计呢？

酒精温度计和水银温度计都可以用来测量温度，因为酒精的凝固点（-117°C）比水银的凝固点（-39°C）低得多，所以酒精温度计比水银温度计更耐寒，即便在南极极寒地区，酒精温度计也可以使用。而水银的沸点（357°C）比酒精的沸点（78°C）高得多，所以水银温度计比酒精温度计更耐热，可以用来测量高温。

当酒精和水银吸收相同的热量时，水银的温度上升得比水银快得多，所以对于同样的温度变化，水银温度计比酒精温度计更灵敏。所以在测量体温时，大多选用水银温度计。

2 我曾在网络上看到过一种色彩缤纷的“伽利略温度计”，看起来很像玩具。它是伽利略发明的吗？要怎么使用它呢？

哈哈，我跟你一样，也曾经误会过。它虽然名叫“伽利略温度计”，却不是伽利略发明的，而是出自他的学生托里拆利和维维亚尼所参加的一个学术团体。

“伽利略温度计”看起来既漂亮又有趣，我猜现在很多人会把它买来当玩具；但在当时，这可是科学家们绞尽脑汁才研发出来的、正正经经的测温仪器！

这种“伽利略温度计”是利用“浮力”原理设计的。每一个玻璃球里装

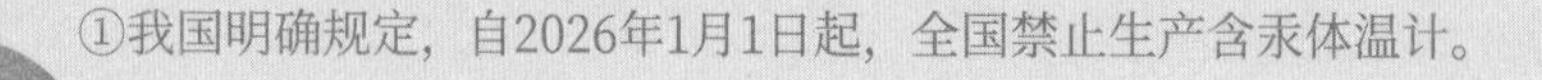

①我国明确规定，自2026年1月1日起，全国禁止生产含汞体温计。

有不同颜色的液体，当玻璃球装好液体并密封以后，再分别在玻璃球底部加上不同重量的金属圆盘来调整重量，让每个玻璃球加上金属圆盘后的密度，等于玻璃圆筒内的酒精在不同温度时所呈现的密度。所以，当外界温度改变时，不同的玻璃球就会上升或下降。这时，只要找到最顶端的玻璃球，读取吊挂在它下方的温度，就是最接近周遭的温度。

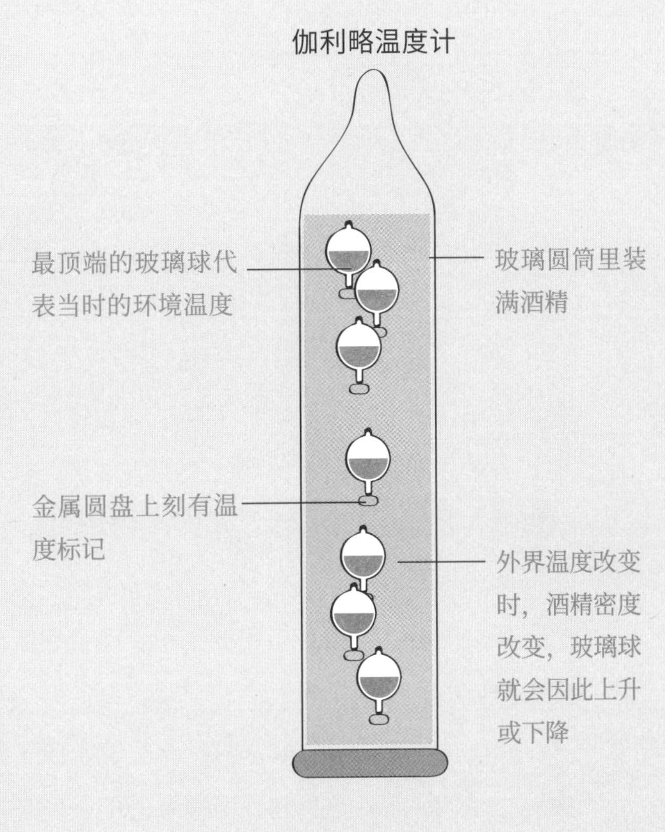
伽利略温度计
最顶端的玻璃球代表当时的环境温度
玻璃圆筒里装满酒精
金属圆盘上刻有温度标记
外界温度改变时，酒精密度改变，玻璃球就会因此上升或下降

3 我还是不懂为什么冰变成水，水变成水蒸气，都需要吸收“潜热”呢？可不可以用现代的方式解释给我听？

没问题。布莱克提出“潜热”的那个年代，人们还没有“分子”的概念。现在，我们已经知道水和其他物质一样，都是由分子构成的。所以，从分子的角度来解释潜热，就会非常容易理解。

水是由一个氧原子加上两个氢原子的水分子所组成的。看看下页图，猜猜看，冰、水、水蒸气，哪种状态下的分子排列得最密？哪种状态下的分子排列得最疏？

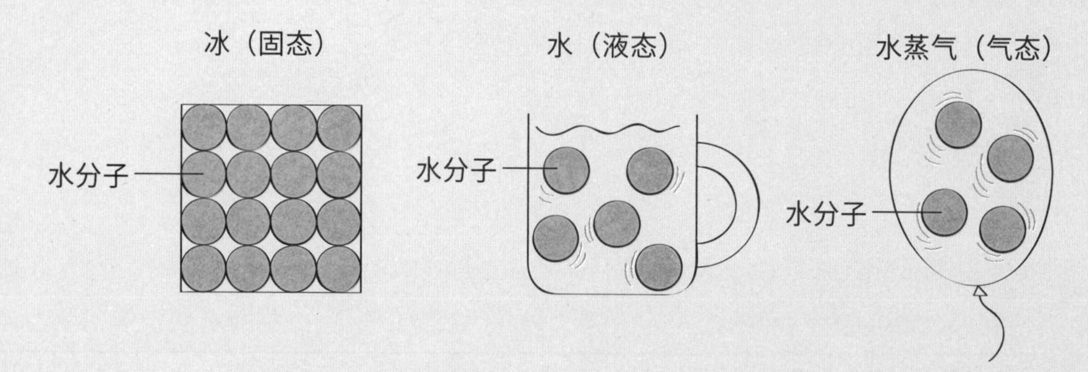

没错。固态分子排列得最密，分子之间的距离最近，而且彼此互相吸引、牵制，所以冰里的水分子都乖乖地排好，只能做较小幅度的振动。相反地，分子之间距离最远的是气态的水蒸气，水蒸气里的水分子可以做大幅度的振动，而且分子最自由、运动的速度也最快。而液态的水分子，则介于固态的冰和气态的水蒸气之间，水分子虽然不像气态时那么自由，但也不像固态时那么死板，所以有一定的体积，而且形状可以随着容器的形状改变，比固态时自由许多。

所以，当冰要融化成水时，冰里的水分子需要吸收一股能量，才能挣脱彼此之间的束缚，这种转变所需要的能量就是“潜热”。同样地，水要汽化成水蒸气时，也需要吸收一股能量，赋予分子更大的动能，才能变成气体在空中自由地移动，这种转变所需要的能量也称为“潜热”。这样一解释，你清楚了吗？

LIS影音频道 

扫码回复
“物理第13课”
获取视频链接

【自然系列——物理／热学01】（温度与潜热）暧昧的相变化——热（上）（下）

布尔哈夫遗留下的关于“热”的难题，让布莱克陷入两难。热跟温度到底存在着什么样的关系呢？

第 14 课

“热质说”和“热动说”

伦福德伯爵

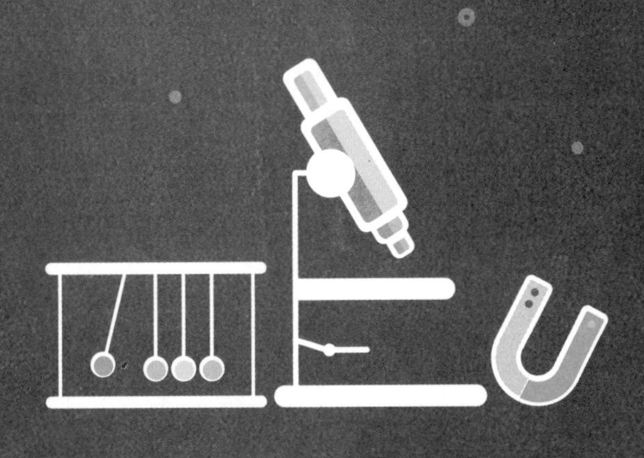

老师，“大炮钻孔实验”是用来解释热的本质的吗？
你给我下来！
我钻。
LIS

打从远古以来，火就与人类的生活息息相关。人们直觉认为火是热的，那么热就是火吗？可是，没有火的物体也会热，所以热究竟是什么？冰块里有没有热？物体燃烧以后，热又去了哪里？……有关热的种种问题，在自然哲学家之间争论了千百年。时间一转眼来到了十八世纪，众多科学家开始为了蒸汽机而热切地投入热学研究，“热，究竟是什么？”这个长久未解的谜题也终于迎来了见真章的决战时刻。

热是一种物质，还是由运动产生的？

关于热的本质，科学界曾出现过两个派别。

其中一派很早就把热看成独立的基本元素，认为热是一种“物质”，会在不同物体之间流来流去，人称“热质说”。

万物皆由汞、硫、盐三种元素构成。其中硫是能燃烧的元素，也就是热质。

霍恩海姆
1493—1541
十六世纪炼金术士

能流动的元素　外形坚硬的元素

汞　盐

三元素说

硫

能燃烧的元素

热是由热原子引起的，冷是由冷原子引起的。

皮埃尔·伽桑狄
1592—1655
法国科学家

热=温度，是潜藏在物体里的物质，可以交换，但不能生成也不能被消灭。

布尔哈夫

热≠温度。不过我也赞成热是一种物质。

布莱克

另外一派认为：热是一种“运动”，物质内外不明原因的运动才会产生热，人称“热动说”。

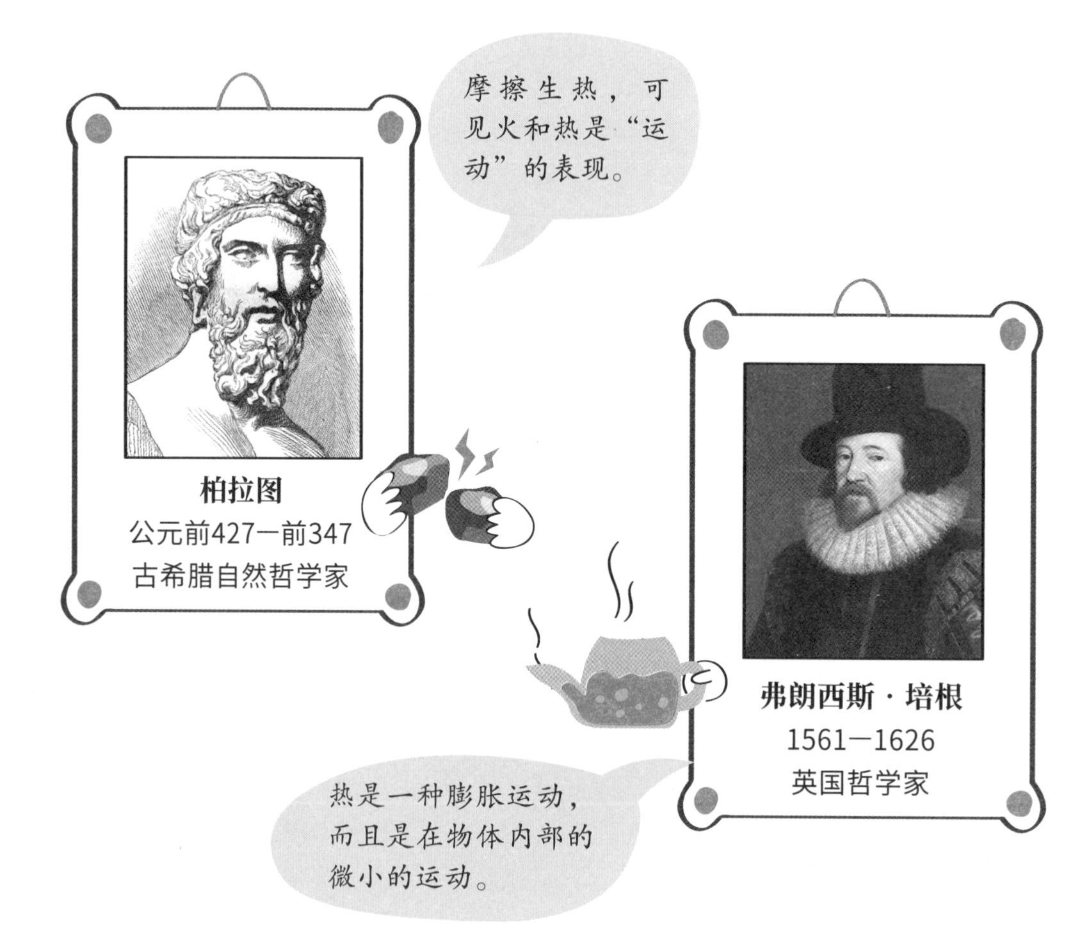

摩擦生热，可见火和热是“运动”的表现。
柏拉图
公元前427—前347
古希腊自然哲学家
弗朗西斯·培根
1561—1626
英国哲学家
热是一种膨胀运动，而且是在物体内部的微小的运动。

没错没错，我们也觉得热和原子运动有关！

“热质说”暂时胜出

但是，“热动说”的理论比较薄弱。除了摩擦生热之外，“热动说”很难用来解释众多的物理现象，所以相信的人较少，经常被忽略。相反地，“热质说”却能用来解释很多物理现象，比如“温度升高是吸收热质，温度降低是放出热质”“热辐射是往空气里散发热质”“气体加热膨胀是因为热质之间互相排斥”……所以“热质说”在十八世纪占权威地位，大多数物理学家都赞成“热质说”，认为热质是一种没有质量的流体，含有会受物质吸引但彼此之间却互相排斥的微小粒子。就连人称“现代化学之父”的大科学家安托万-洛朗·德·拉瓦锡（Antoine-Laurent de Lavoisier）（请见《科学史上最有梗的20堂化学课》第6、7课）也不例外，他不但帮热质取了新名字“卡路里”（calorie）；还在他的大作《化学基础论》中，把热质列入化学元素表，直接当成一种“气体元素”！

看到了吗？赞成“热质说”的拉瓦锡身边，总是有位清秀佳人照顾他的生活起居，协助他进行科学实验，与他共同探讨科学，那就是他美丽的妻子玛丽安·皮埃尔莱特·波尔兹（Marie-Anne Pierrette Paulze）。玛丽安很早就嫁给了拉瓦锡，在长时间的耳濡目染下，也成了几乎可以独当一面的科学家。但是，为什么这里要突然提起玛丽安呢？请容我卖个关子。玛丽安的爱情故事与热有

安托万-洛朗·德·拉瓦锡
1743—1794
法国化学家

玛丽安·皮埃尔莱特·波尔兹
1758—1836
法国化学家

关，让我们继续回到热的本质。

我们都清楚，大多数人表示赞成的理论并不代表一定就是正确的！就像许多孩子相信世界上有圣诞老人，但圣诞老人确实不存在一样。任何科学真理都需要经过不断地检验，才能屹立不倒，获得世人的信服。而就在十八世纪即将结束之时，“热质说”终于受到了强而有力的挑战。这个挑战来自一位浪子般的军官——本杰明·汤普森（Benjamin Thompson，1753－1814），世人称他为“伦福德伯爵”(Count Rumford）。而或许是造化弄人，他与玛丽安的邂逅也犹如一场“热学生死恋”，卷入了“热质说”与“热动说”的科学战争。

爱情故事，
我要看！

今天的物理课是
偶像剧吗？

科学家也会谈
恋爱嘛！

兵工厂的“大炮钻孔实验”

1753年，本杰明·汤普森出生在当时还是英国殖民地的英属美洲，也就是现在的美国。当美国爆发独立战争的时候，汤普森认为殖民地的人民都应该效忠祖国。所以他为英国政府监督邻居、提供情报，甚至抛下妻子，加入英军。后来英国输了，他在美国实在待不下去，就离乡背井留在英国生活。直到1785年，才前往巴伐利亚（位于现今德国境内）为选帝侯卡尔·特奥多尔（Karl Theodor，1724—1799）工作，由于他在工作中展现出了不凡的才华，被任命为战争大臣和国会议员。

在这段时期，汤普森引进蒸汽机、马铃薯，立下了不少功劳，选帝侯想封他为伯爵，就以他发迹的地方——美国新罕布什尔州的“伦福德”为爵号，从此以后他便以“伦福德伯爵”的称号享誉天下。

选帝侯就是拥有“选举皇帝的权力”的诸侯。图为十四世纪选出罗马国王的七位选帝侯。

伦福德伯爵从小就喜欢研究火药枪炮。十三岁那年，他在一家小店当学徒，当时为了制造烟火，他差点儿在爆炸中丢了性命。事实上，伦福德并没有接受过高深的科学教育，他是在欧洲结交了益友——几位认真专注的科学家朋友，才开始对科学感兴趣，尤其是制造枪炮时总会遇到的“热学”问题，特别吸引他的注意。

1789年，他奉命在巴伐利亚的兵工厂监督制造大炮的钻孔工作时，就注意到了一些不合理的现象。通常，用钻孔工具钻削铜炮的炮身时，会因摩擦产生大量的热和铜屑。如果用水冷却这些铜屑，水甚至会马上沸腾。

如果按照“热质说”的解释，这些铜屑是因为工具来回摩擦时，“拉”出了铜块内部的热质；所以它们带着大量的热

质，被切削下来的时候温度特别高。

“只是……这些铜屑也未免太热了吧？”伦福德觉得很奇怪。

“这么多的热已经足够融化铜块。如果铜屑带走的热质全部来自铜块，那为什么原来的铜块不会融化呢？这解释太不合理了。”

伦福德开始怀疑，这源源不绝的热不是来自铜块里的“热质”，而是由摩擦运动产生的。因为铜块里的热质不可能像这样无穷无尽，但是，只要摩擦不停下来，确实有可能冒出源源不绝的热来。

为了测试他的想法，他决定把兵工厂当成实验室，进行一场“钻孔实验”——最好是只有持续不断的摩擦运动，却不削下任何金属屑，如此才能证明，源源不绝的热是由摩擦产生的，跟金属屑“拉”出热质这种说法没有任何关系。

所以，他故意选用一个磨钝了的钻头，并把要摩擦的金属圆筒泡在水缸中。那个年代还没有电力，只能靠辛苦的马儿带动金属圆筒不停地旋转，结果两个半小时以后，水缸中的水竟然沸腾起来了！现场的观众包括伦福德，都忍不住欢呼起来！

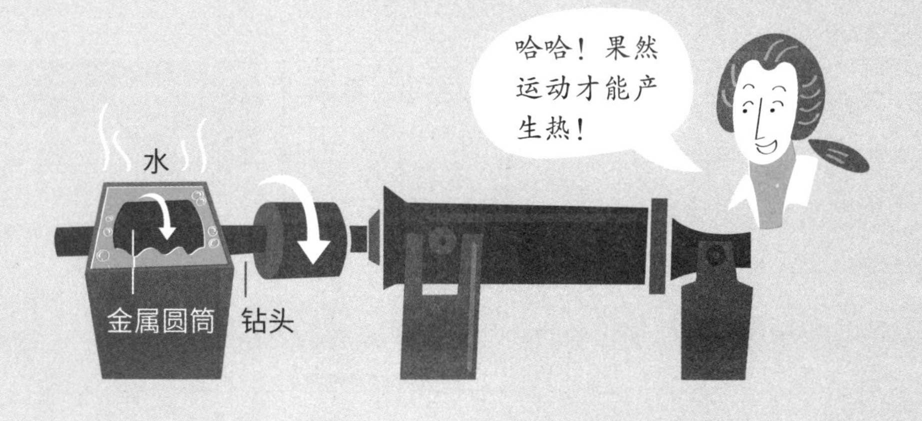

哈哈！果然运动才能产生热！
水
金属圆筒
钻头

如果热质是物体里的物质，总有用光的时候，不会因为持续摩擦，热就不断地产生。所以伦福德认为，这其实证明了是“运动”产生的热，只要摩擦不停止，热就会源源不绝地产生，使水沸腾。

他在第二年发表了这个实验结果，果然得到了英国化学家汉弗里·戴维（Humphry Davy）（请见《科学史上最有梗的20堂化学课》第11课）的大力支持。

年轻的戴维也设计了一个实验：在真空的低温玻璃罩里，把两块冰绑在铁棒上不停地互相摩擦。几分钟后，两块冰都融化成水，且温度同时达到1.6°C。这个实验再次说明，并不是某一块冰把热质给了另一块，否则其中一块冰的温度应该降得更低，根本不会融化。真正的原因其实是摩擦和碰撞引起了物体内部微粒的振动，这种运动和振动才是热的本质，所以“热质说”是站不住脚的。

汉弗里·戴维
1778—1829
英国化学家

伦福德和戴维的创举，的确给“热质说”带来了重重的一击。但是话说回来，当时的人们对于原子内部的构造并不了解，他们的“热动说”也无法提供完整的理论细节；因此，“热质说”并不是这么一两个实验就能轻易打败的，人们还是相信“热质说”。直到一个大胡子科学家詹姆斯·普雷斯科特·焦耳（James Prescott Joule），成功测量出运动的确可以转化为热量（即热功当量，请见第18课第107页）以后，“热质说”才真正地走入历史，但那已经是半个世纪以后的事了。

伦福德与玛丽安之间的爱情“热动”

而就在“热动说”的理论发表后不久，伦福德伯爵在因缘际会下，爱上了拉瓦锡的遗孀玛丽安，并且展开了为期四年的热烈追求，最终在1804年和玛丽安结婚。

当时，伦福德伯爵已经是一个很有名的科学家了，玛丽安也是。虽然在科学史上享有盛名的是拉瓦锡，但是拉瓦锡的所有研究中都能见到玛丽安的影子。她不仅参与了拉瓦锡的实验，帮拉瓦锡翻译科学文献，还会在协助翻译时，指出文章的错误或加上自己的见解。拉瓦锡在玛丽安的协助下，建立了各种富有创见的学说。可惜树大招风，法国大革命爆发时，拉瓦锡因为曾经担任税官而被送上断头台。

你不是喜欢火药大炮吗？
LIS

但是这种炮火我不喜欢，这种火药味我也不喜欢。

痛失所爱的玛丽安也被新政府没收财产、关进监牢；拉瓦锡留下的实验器材、研究手稿，也无一幸免地被没收或毁坏。玛丽安出狱后，一心一意地想为拉瓦锡出版回忆录，公开其生前的研究成果，仿佛用这样的方法，就能让她所爱的拉瓦锡在科学史的漫漫长河中继续活着……

玛丽安就这样带着痛失旧爱的创伤，与伦福德伯爵结婚了。那个时候，伦福德的“热动说”正在遭受“热质说”猛烈的炮火。不晓得他有没有跟玛丽安辩论，她与她的前夫拉瓦锡支持的“热质说”根本就是错误的；也不清楚妻子的前夫拉瓦锡的科学权威有没有在他心中引发妒火。但可以确定的是，玛丽安和伦福德结婚后，对外依然自称“拉瓦锡夫人”。据说，他们两个人之间经常充满火药味，玛丽安甚至会因为一言不合，提着滚烫的热水浇死伦福德辛苦种下的玫瑰。伦福德曾经感叹：“拉瓦锡比我幸运多了！他上了断头台，而我却要继续忍受玛丽安的折磨，不知道要到什么时候……”

玛丽安与伦福德伯爵的婚姻，只维持了一年就结束了。按照“热动说”的说法，分开后的两人不再继续碰撞、摩擦，爱情的温度也就随着时间而冷却，直至消退得无影无踪。

唉，悲剧收场。

快问快答

1 拉瓦锡认同热是一种物质，即“热质说”，还帮热质取名叫“卡路里”。好像在哪里听过这个词呢！

没错，卡路里的名字从拉瓦锡那个时代，一直沿用到现在——就是我们计算“热量”时所用的单位，通常简称“卡”（cal）。它的定义是：在一个大气压下，让一克的水升高1°C所需要的热量。但我们平常随便喝杯饮料的热量，就有好几千卡。所以在提到食物所含的热量时，常用“千卡”（kcal）或大卡（C）。消化一克的糖类或者蛋白质，能提供四千卡的热量，一克的脂肪则是九千卡。

2 这堂课讲到摩擦生热，那我吃冰时舌头被粘在冰棒上，是不是跟我的舌头摩擦（舔）冰棒有关？

哈哈，这跟摩擦生热无关。就算是用手碰冰棒，也照样会被粘住哟！出现这种现象的原因是：我们舌头的温度比冰块高许多，接触时舌头会让冰棒表面的一层薄冰瞬间融化。但是由于冰棒整体还是结冰的，所以融化的薄冰又会快速冻结，把冰棒和舌头粘在一起！这时如果硬把舌头拉回来，可能会受伤。所以温度太低的冰棒，不适合贸然伸舌头去舔哟！

3 嘿嘿，我想问一个八卦的问题！伦福德伯爵在美国不是已经有太太了吗？他又娶了玛丽安，是不是犯了重婚罪呢？

别担心。伦福德伯爵与玛丽安结婚的时候，他的前妻已经去世了。

4 伦福德的“热动说”是对的，但在当时不被重视。用现代的观点来看，该怎么解释“热动说”呢？

在伦福德的年代，对物质内部的粒子运动只有非常粗浅的概念。用现代的观点来看，物质就算看起来是静止的，内部的粒子也还是在不停地运动。低温时，运动幅度小；高温时，运动幅度大。而摩擦生热的过程，其实是物体表面的分子被不断地“碰撞”，从而获得了更多的能量，因此运动幅度加大，温度也跟着升高。

举个日常生活中常见的例子：微波炉里没有火，却能让食物的温度上升。这是因为微波炉里面的微波产生器，会将高能量的微波射向食物，食物里的水分子吸收这些能量后，就会快速运动、彼此碰撞，不断摩擦生热。这样一来，食物的温度就会快速上升了。

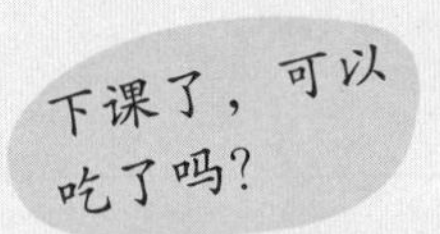

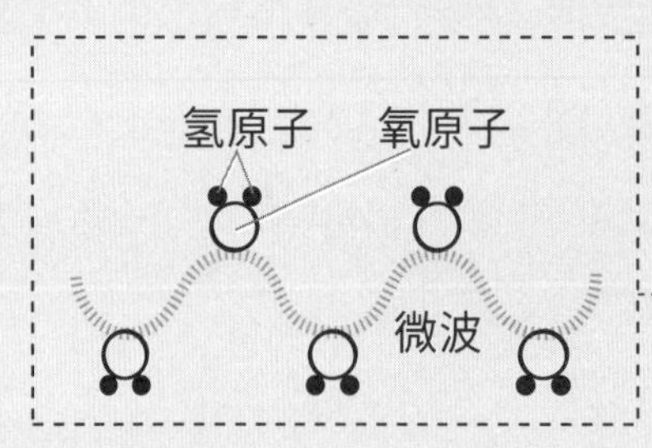

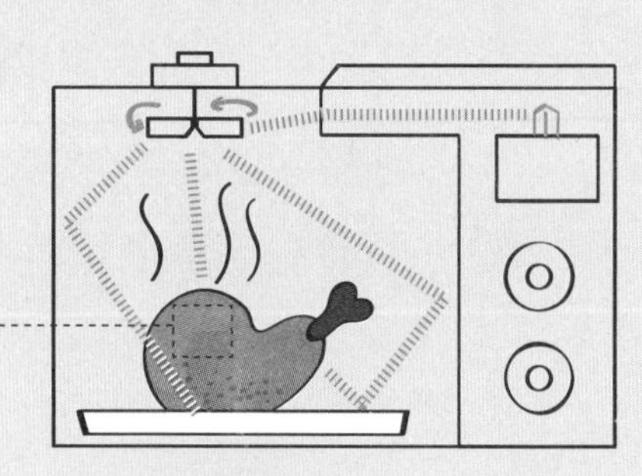

LIS影音频道 

扫码回复“物理第14课”获取视频链接

【自然系列——物理／热学02】（“热质说”与“热动说”）玛丽安的“热学生死恋”（上）（下）

布莱克以“热质”的概念来解释热的难题。而拉瓦锡为了测量抽象的热质，和拉普拉斯制作了“量热器”，并将热质重新命名为“卡路里”。

/第 15 课/

开启电磁大时代

奥斯特和安培

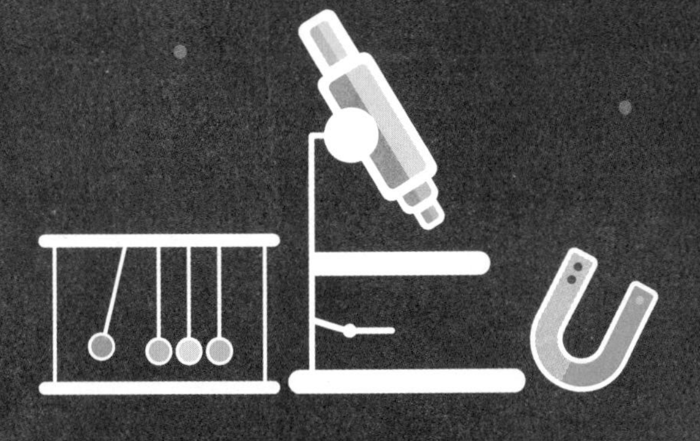

大家看！我把电接通……
磁针动了！
哎呀，有鬼！

上册的第5课提到，英国女王伊丽莎白的御医吉尔伯特在1600年创造了一个全新名词“electricus”（电），首度把长久以来被混为一谈的电与磁，分成了两种不同的物理现象。不过俗话说——“分久必合，合久必分”。电与磁合在一起几千年，才被吉尔伯特分开，后来电是电，磁是磁；在它们分开很长一段时间后，又是谁把它们重新“合”在一起的呢？

这件事想必不简单，要不然，也就不需要花上二百多年的时间了。

难解的电磁“暧昧”关系

区分电与磁的吉尔伯特认为，电与磁是两种不同的力——地磁是地球的灵魂，电则是摩擦物体才具有的吸引力。先前提到的电学大师库仑，虽然发现“库仑定律”适用于电，也适用于磁，但是在做实验时实在找不到电与磁有什么共通之处，所以也认为电与磁互不相干。

不过隐约之间，科学家们总觉得哪里不太对劲儿，因为在世界各地，奇特可疑的现象时有发生。例如，有些商人的金属刀叉装在箱子里，被闪电击中后，竟然具有了磁性，可以吸引钉子；军舰遭受雷击后，船上的铁制品也变得具有磁性。就连美国的电学大师富兰克林做实验时也曾发现——通过电的缝纫针会变得具有磁性。

啊？通过电的缝纫针，
竟然具有了磁性！
富兰克林

虽然富兰克林很快认为，是电流通过缝纫针时，使缝纫针发热，刹那间被地球磁场磁化。但是这些不可思议的奇怪现象，还是促使那一代的科学家忍不住猜想：难道电与磁之间真的有什么特殊关联？1774年，德国的一家研究院甚至进行有奖征答，鼓励大家研究“电力和磁力之间是否存在着实际的相似性”，但是没有人得出具体结果。

伊曼努尔·康德
1724—1804
德国哲学家

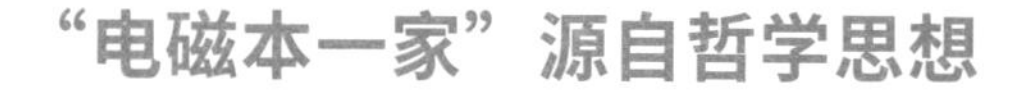

“电磁本一家”源自哲学思想

在这种思想氛围下，当时的德国出现了一位厉害的哲学家——伊曼努尔·康德（Immanuel Kant）。

他认为人类对大自然的“认知”，是人类通过“感官”观察得来的，并不一定就是世界最真实的面貌。他把人类由感官获得的知识称为“现象”，而把世界的真实面貌称为“物自身”；他认为人类的知识来源只能局限在感官获得的现象里，而物自身却是不可知的。

康德的这种哲学观在德语世界中引发热潮，许多年轻学子都成为康德的信徒。其中一位用尽了“洪荒之力”、耗费数年，终于找到了符合自己哲学信仰的“电生磁”现象，震惊科学界并开启了数十载的“大电磁时代”。他就是来自丹麦，兼哲学家、物理学家、文学家、诗人于一身的汉斯·克里斯蒂安·奥斯特（Hans Christian Oersted）。

不是在讲物理的历史吗，为什么又开始讲哲学啦？

LIS老师说过，哲学是科学的始祖，它们的共同目的，就是解释世界万物的运行。

没错，所以科学家会受到哲学的影响，一点儿也不奇怪！
LIS

磁针一转天下知

汉斯·克里斯蒂安·奥斯特
1777—1851
丹麦物理学家、文学家、哲学家

奥斯特生于丹麦兰格朗岛（Langeland）的鲁德乔宾镇（Rudkøbing）。这个偏远的小岛上连所正式的学校都没有，有志学习的年轻人只能请教镇上有知识的长者，或是听外地人说说世界其他地方的奇闻逸事。奥斯特和他的弟弟安德斯就是在这样的环境下长大的。

奥斯特十二岁起就在爸爸的药房里帮忙，学会了不少制作药剂的技能，也读过不少与化学相关的书籍。1793年，他和弟弟一起到大都市求学，没有辜负爸爸的期望，两人都以优秀的成绩成为哥本哈根大学的高才生。

在当时，丹麦并不是欧洲科学的重地，整个丹麦也就只有哥本哈根一所大学。奥斯特原本主修医学、物理，但是他多才多艺，喜欢广泛发展各种兴

趣，通过自己的努力，他不但拿到了文学大奖，考取了药剂师执照，最后甚至拜倒在康德哲学的魅力之下，以延伸康德哲学的《大自然形而上学的知识架构》为主题，拿到了博士学位，所以说他是位哲学家，一点儿也不为过。

毕业后的奥斯特受聘担任哥本哈根医学院的化学助教，次年还拿到一笔奖学金，可以到欧洲几个重要的科学大国游学。这是奥斯特梦寐以求的好机会。他立刻出发拜访了德国、法国、荷兰，与不少当时顶尖的科学家切磋，还结交了一位志同道合的好朋友——约翰·威廉·芮特（Johann Wilhelm Ritter），这对他的人生产生了深远的影响。

芮特是个多方涉猎、想法前卫的年轻人。他和奥斯特有很多共同点：当过药房学徒、自修化学、喜爱哲学。重点是，他们都信奉康德哲学。芮特甚至比奥斯特更早、更深入地接触到当时德国的最新思潮“自然哲学”（natural philosophy）。它的提出者是一位和他们年龄相仿，年轻又叛逆的哲学家——弗里德里希·威廉·约瑟夫·冯·谢林（Friedrich Wilhelm Joseph von Schelling）。

弗里德里希·威廉·约瑟夫·冯·谢林
1775—1854
德国哲学家

谢林的“自然哲学”是康德哲学的改良和延伸。在谢林的眼中，大自然如果是一片海洋，那么科学家观察到的现象就是海洋表面不同的海浪。从一个海浪去看另一个海浪，好像彼此无关；但是在这些看似独立的海浪底下，全部都是具有相同本质的海水，而且彼此相连！

换句话说，电、磁、光、热……可能根本就是一样的！只是我们看不出来！

电
磁
光
热

这是真的吗？

谢林的哲学观没有事实证据支持。当时受到了很多科学家的批评，尤其是在德国以外的英语系国家。

生性浪漫的芮特为谢林的哲学心动，这也进一步影响了奥斯特的观念。他们相信所有的物理现象，比如电、磁、光、热，背后必定隐藏着不为人知的联系，只是还未被发现而已。只可惜满腔热血的芮特并没有做出什么实验来证明自己的观点，所以他一直得不到大学教授的工作，也没有固定的收入。芮特在结婚生了四个孩子后，甚至连抚养孩子的钱都没着落，后来就英年早逝了。

兄弟，你安心地去吧，我会完成你的心愿的。

奥斯特

约翰·威廉·芮特
1776—1810
德国物理学家、化学家、自然哲学家

奥斯特虽然不像芮特那么凄惨，但当他游学结束，回到丹麦申请教职时，却也因为沉迷“自然哲学”而被拒绝。直到两年后，他才成为哥本哈根大学的物理教授。

1804年，八十岁高龄的康德逝世。身为康德信徒的奥斯特，还是想方设法地用康德的理论来解释各种化学反应以及电磁现象。他心想：既然电流通过较细的导线会发热，通过更细的导线会发光，那如果让通电的导线变得更细呢？

“说不定就会出现磁场啊！”

所以，他将极细的铂丝接上电源，然后将通电后的铂丝放置在磁针前，看铂丝会不会吸引磁针。结果，就算铂丝因为通电而被烧红、发光了，磁针也没有半点儿反应。

“唉，”奥斯特叹气道，“看来事情不像我想的那么简单……既然发热和发光都是向导线的四周扩散，会不会磁的作用也是一样呢？我再试试其他金属好了。”

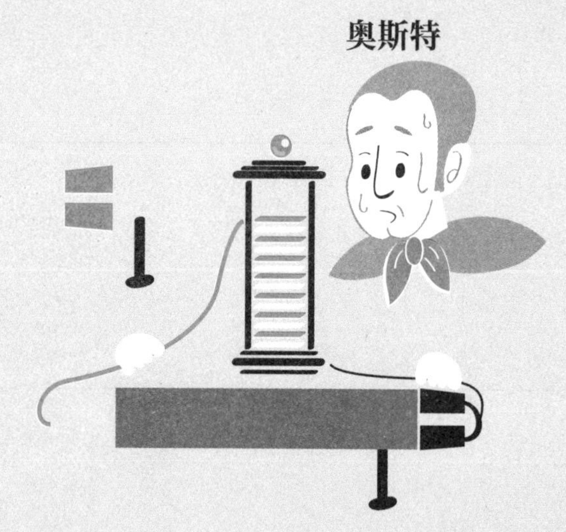

可是，不管电流通过的是金、银、钨还是其他金属丝，通过电的金属还是没办法像被闪电击中的刀叉一样，生出磁来。

直到1820年4月的一个晚上，奥斯特正在为一些听众讲解电学。他一边讲解，一边做实验示范，现场放置的器材横七竖八的，有点儿凌乱。当他提到“电和磁说不定是一样的”这一想法时，随手把磁针（平行）放在导线正下方，结果就这么巧，助手接通电源的一瞬间，磁针竟然朝着垂直于导线的方向发生了偏转！

“天哪！这不就是我探索多年、梦寐以求的现象吗？”奥斯特在心里大叫了出来。

通电瞬间，磁针就转动了！

“原来，不是通过电的金属会生磁，而是电流流动会产生磁性呀！”奥斯特终于找到了电生磁的原理。

接下来他用三个月时间做了六十几个实验，想进一步弄清楚电流对磁针的作用规则。他把磁针放在导线的前方、后方、上方、下方，画出电流对磁针作用的方向，发现电流的磁效应就围绕在载流导线的周围，沿着螺纹方向垂直于导线。他还把磁针放在距离导线不同的地方，观察电流对磁针作用的强弱，而且发现玻璃、金属、木头、石头、瓦片、琥珀、水等非磁性物质都不能阻挡通电导线发出来的磁力。

1820年7月21日，他用仅占了四页篇幅的、简洁有力的报告讲述了“电生磁”的现象。这篇报告既没有计算的部分，也没有说明原因，但仍在当时的物理学界造成了轰动。

奥斯特多年的坚持终于有了成果，而这时他的好友芮特过世刚好十年，这一成果也算是身为至交送给逝去好友的最好祭礼吧。

电生磁的现象，看似是奥斯特“运气好”才偶然发现的。但是“机会是留给有准备的人的”，如果奥斯特没有怀着“电磁本一家”的信仰，没有历经十年的苦苦探寻，那么磁针在电源接通时的小小转动，很可能就不经意地被忽略了吧。

天才安培找出电流的规律

这个重大发现，很快就传到德国、瑞士、法国等地。科学家们纷纷卷起衣袖，重复做起奥斯特的实验，想进一步找出电生磁现象的背后有没有什么数学规则。

其中，精通数学的安德烈 · 马利 · 安培（André Marie Ampère）在短短的一周内，就找出了电流与磁针偏转方向的“右手定则”；又过了一周，他又发现了平行导线间会出现相吸、相斥的现象。

安德烈 · 马利 · 安培
1775—1836
法国物理学家、数学家

“右手定则”用英文表示为“right hand grip rule”。意思就是我们用右手的拇指朝向电流的方向并握住通电直导线时，其他手指弯曲的方向就是磁场的方向。

才一周时间就想出来了，好快！

电流方向相同的
两条平行导线相吸

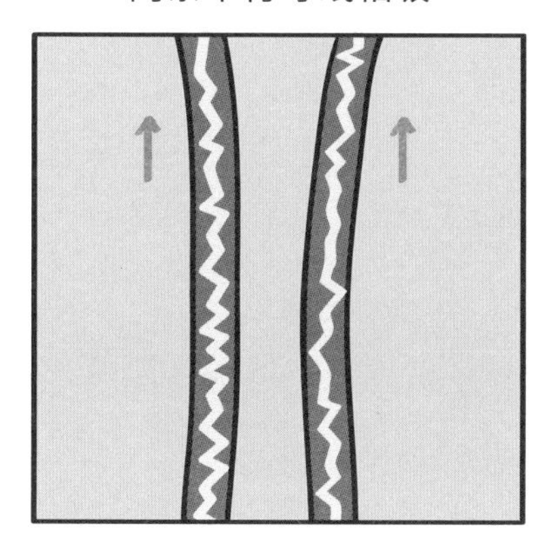

电流方向相反的
两条平行导线相斥

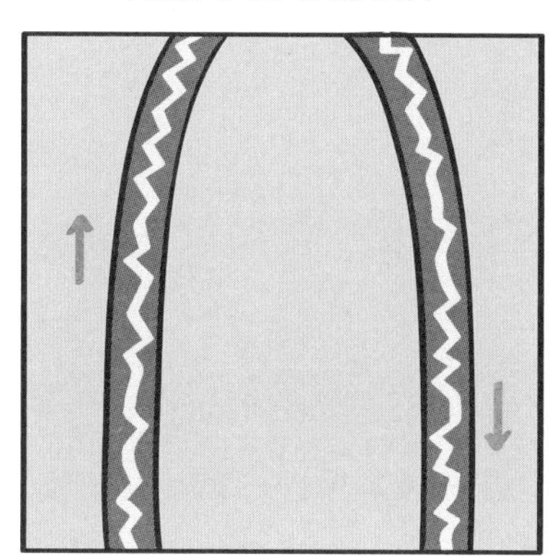

在电学研究上，安培的确是个快手。第二年他更是提出了著名的“分子电流”的假说，认为在导线里，有一种带着特定电荷的微小粒子，只要这些粒子运动就会形成电流、引发磁场。电和磁本是一家，所以都可以用这种粒子运动来解释。

只可惜分子电流的想法太过前卫，在当时有不少反对的声音，直到七十多年后，人们真的发现了一种带电粒子——“电子”，才惊叹安培的先见之明，尊称他为“电学中的牛顿”。

至于奥斯特，除了继续他的科学研究之外，生性浪漫的他终其一生都没有停止写作。在人生即将结束前，他还出版了散文集《自然精神》（*The Soul in Nature*），阐述了他一生追求的目标——也就是谢林“自然哲学”里所提到的“物质与精神的合一”。不只如此，他还经常大谈“物理”中的“美感”，“科学”里的“诗意”和“物质世界”的“灵魂”，这让当时的许多科学家——尤其是在德国以外那些不流行谢林哲学的地区的科学家——看得一头雾水，大翻白眼。

或许天才科学家的大脑与常人不同，而奥斯特集哲学与科学、理性与感性于一身，一般人就更难理解了吧。

快问快答

1 安培的“右手定则”简单好记，但如果通电的不是长长直直的导线，而是弯曲的线圈呢？

安培都很仔细地研究过了呢！他研究“电生磁”现象所提出的“右手定则”其实有两种，一种用在长直导线，另一种用在螺线管：

安培右手定则	长直导线	螺线管
手势图示	导线	S N 铁棒
大拇指方向代表	电流方向	磁场方向
四指弯曲方向代表	磁场方向	电流方向

另外，安培还开发了一个“右手开掌定则”，用来判断电流、磁场与载流导线受力方向。它的手势就是将右手打开，大拇指对准电流方向，另外四指指向磁场方向，那么手掌朝向的垂直方向就是导线的受力方向。

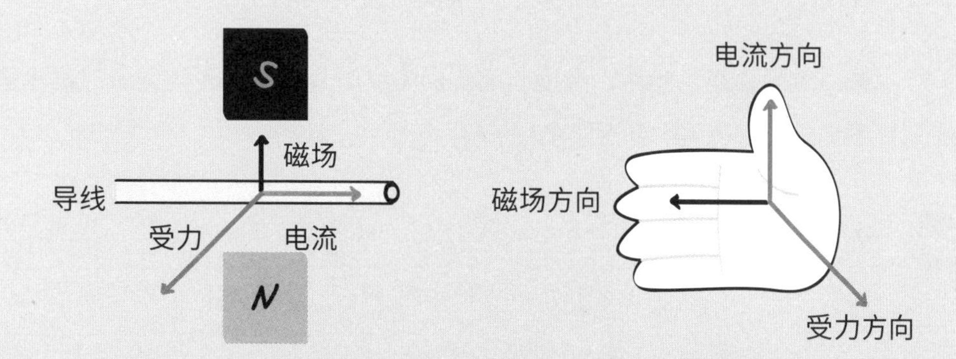

2 性格浪漫的奥斯特难道在发现了电生磁之后就一直在写作，没有再做研究了吗？

千万别误会！奥斯特虽然有文人浪漫的一面，但他仍然是个实事求是、踏实认真的科学家呢！他在1825年领先全世界分离出了“铝”元素，不过纯度不高。两年后，另一位化学家维勒利用创新的方法得到了更纯的铝。有趣的是，当时的铝因为得之不易，价钱竟然比黄金还贵！听说法国的拿破仑三世曾在宴会上，特别用“昂贵”的铝制餐具招待贵宾，而其他普通来宾则比较可怜，只能委屈一点儿使用“金”制餐具！哈哈！

我戴的戒指比黄金贵重！
没错！装汽水的易拉罐是用铝做的。

3 既然电流流动就会产生磁场，那我们家里电线这么多，不就到处都是磁场吗？这样会不会害我们生病啊？

举一反三，你的联想非常正确！我们使用家电时的确也会产生磁场。但到目前为止，科学家们一般都认为磁场不会影响人体健康。我们时时刻刻都

被“地球磁场”笼罩，也没有因此而生病呀！会影响人体健康的是能量高的游离辐射电磁波，别搞混了！

4 承上题。我常听人家说居家的“磁场”很重要，家里的“风水”或“磁场”如果不好，做什么事情都会不顺利！

坊间谈论居家风水时所说的“磁场”不是科学上所说的磁场啦！许多江湖术士总是爱把“人体磁场”“灵魂磁场”“住家风水磁场”挂在嘴边，他们只是用“磁场”这个词来描述那些看不见的、在无形中运作的力量。可怜的“磁场”，经常被乱用，你可别跟着误解哟！

LIS影音频道

扫码回复
“物理第15课”
获取视频链接

【自然系列——物理／电磁学05】（电流磁效应）磁针一转天下知

奥斯特相信电和磁是一样的，花了数十年通电各种物质，但磁针就是没有半点儿反应。还好他发现放在通电导线旁的磁针会转动，才知道是“电流”产生的磁力！

【自然系列——物理／电磁学06】（安培“右手定则”）安培的华丽生活

二百年前的超狂富二代，用一只右手改变了人类科学发展史！安培在电与磁的研究风潮中，产生了一个想法——到底是电生磁，还是磁生电呢？如果奥斯特发现电流会让磁针偏转，那磁针偏转的方向会不会有规律呢？电流和磁力的大小可以用数学计算出来吗？

第16课

奠定电学基础

欧姆

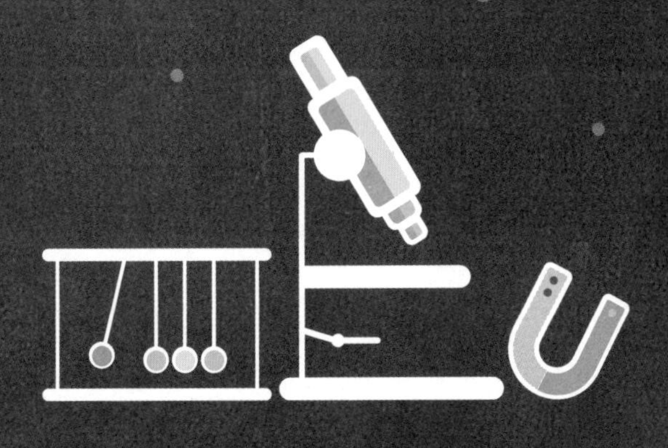

从这个实验可以知道，
电阻= $\frac{电压}{电流}$ 。
奇怪，总觉得好像有什么……
L S

你在生活中听过的“欧姆”，至少应该有两种吧！一种是软嫩香滑又好吃的“欧姆蛋[1]”；另一种则是硬邦邦、用力啃（书）也未必吞得进去的“欧姆定律”。

欧姆定律 $R=\frac{U}{I}$，也就是电阻=$\frac{电压}{电流}$。
LIS

发现欧姆定律的人有两个，一位叫欧姆，一位不叫欧姆，这两人一前一后，一穷一富，一个在明一个在暗；总之他们的人生有着天壤之别，却同样建立起欧姆定律，把十九世纪的电路研究推向一个高峰。我们在现代生活中处处可以享用干净、便利的电，真要感谢这两位先锋！先来说说这个叫欧姆的人吧。

人生际遇不佳的欧姆

乔治·西蒙·欧姆（Georg Simon Ohm），他的人生简直是一段挫折与失败交织的血泪史！1789年，他出生于德国的大学城埃尔朗根，爸爸是锁匠，妈妈是裁缝师之女，因为家贫，小欧姆的许多兄弟姐妹都夭折了，只有他和一个姐姐、一个弟弟活了下来，母亲也在他十岁时就过世了。

还好，欧姆的爸爸（简称“欧爸”）天资聪颖、勤奋自学。所以，他虽然没钱送孩子上学读书，但还是自己教导孩子学习数学、物理、化学甚至哲学。后来，欧姆虽然上了几年高中，可高中教的科学内容还不如欧爸教的知识深入呢。

十六岁时，欧姆好不容易有机会到埃尔朗根大学学习，但是严厉的欧爸却觉得欧姆不够用功，一气之下就把欧姆送去瑞士，到一所中学当数学教师。

欧姆虽然因为生活困苦，一辈子都没正式上过大学，但是他对数学和电学却充满了浓厚的兴趣，所以一边担任老师赚钱，一边还是努力自修。后来，欧姆回到家乡，就以论文《光线和色彩》拿到了博士学位。不过，就算有了博士学位，欧姆求职还是

①欧姆蛋：英语“omelette”的音译，又称西式煎蛋卷，是指煎熟的鸡蛋，中间或可放些馅料卷起来。

不太顺利，不管是在大学当讲师，还是在中学教物理、数学，他的薪水都非常微薄。

欧姆感觉没有伯乐欣赏他的才能，特地认真写了一本基础几何的教学书，结果书还没有几个人看过，他任职的学校却倒闭了！

直到另一家耶稣会设立的中学给欧姆捎来聘书，欧姆才重新燃起希望，倒不是因为这所中学声誉卓著，而是因为这所学校里有设备齐全的物理实验室，欧姆去了那里如鱼得水，终于可以利用器材好好研究电学了！他把这个机会当成人生的一次赌注，希望钻研当时还不是很多人研究的电学，能让他扬眉吐气！

电学搏一把

乔治·西蒙·欧姆
1789—1854
德国物理学家

$$电阻 = \frac{电压}{电流}$$

这个在电路学里非常基本的电学公式，看起来并不复杂。但其实，在欧姆准备大展身手投入电学研究的那个年代，奥斯特才刚发现电流会生磁，安培也才找出符合磁场方向规律的“右手定则”。人们对“电压”“电阻”这些名词压根儿没概念，欧姆其实是走在时代的前端，自己把它们“发明”出来的。

当时，法国的物理学家让·巴普蒂斯·约瑟夫·傅里叶（Jean Baptiste Joseph Fourier）在研究热的传导时发现：

让·巴普蒂斯·约瑟夫·傅里叶
1768 —1830
法国物理学家、数学家

欧姆受到傅里叶的启发，不禁思考：“换句话说，是‘温差’驱动了‘热的传导’。这种热的现象套用在电上，会不会也一样呢？又是什么驱动了电的流动？”

欧姆推测电流有一种驱动力，他想模仿傅里叶证明：导线上两点间的驱动力差别（也就是今日的“电位差”或“电压”）与电流成正比。意思就是说，“电压越大，电流就越大”。

或许你会认为把热和电联想在一起，有点儿乱枪打鸟的感觉。但事实上当时的人们还不确定电和热是什么，直觉认为电和热都是会流动的“液体”（热的液体被称为“热质”，请见第13、14课），会从温度高的地方往温度低的地方流动，或从高电荷往低电荷流动。所以，欧姆把热的现象套用到电上也不是没有道理。

不过，要验证这个猜想并不容易。其中一个重要原因是当时的电源是伏特电堆，有时候电池中的湿盐布干掉，电力就会突然减弱，导致实验失败。

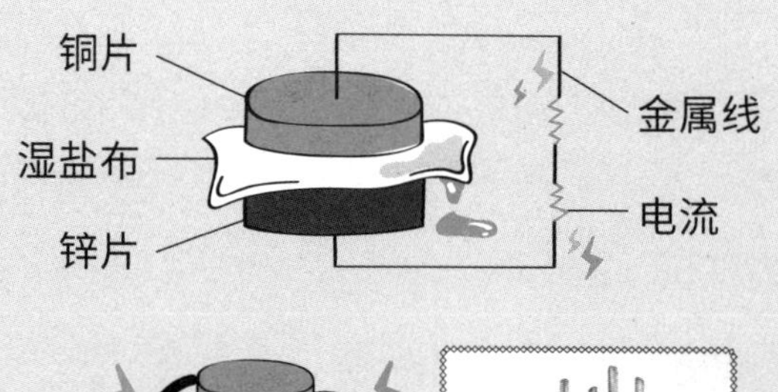

意大利物理学家亚历山德罗·朱塞佩·安东尼奥·安纳塔西欧·伏特（Alessandro Giuseppe Antonio Anastasio Volta，1745—1827）在1800年发明的“伏特电堆”，是在两种金属间夹着湿盐布层层堆叠起来的电力装置。堆叠越多层，电力就越大；如果湿盐布干掉，电流就无法传导。

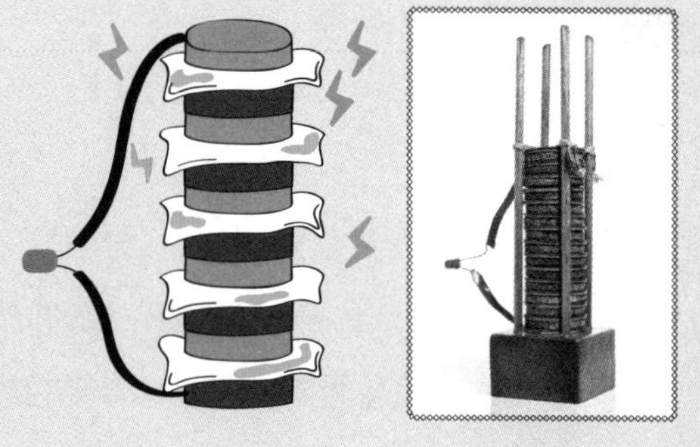

第一座“伏特电堆”的样貌。

还好，欧姆的好友约翰·克里斯蒂安·波根多夫（Johann Christian Poggendroff，1796—1877）建议他改用托马斯·约翰·塞贝克（Thomas Johann Seebeck，1770—1831）发明的温差电池作为电源，电流不稳定的问题才得以解决。可见科学家之间的交流是很重要的，互相讨论可以激发灵感、解决问题。

欧姆对塞贝克发明的温差电池进行了一番改造。因为碎冰水的温度固定是0°C，沸水的温度固定是100°C，所以导线内的电流非常稳定。

温差电池的原理

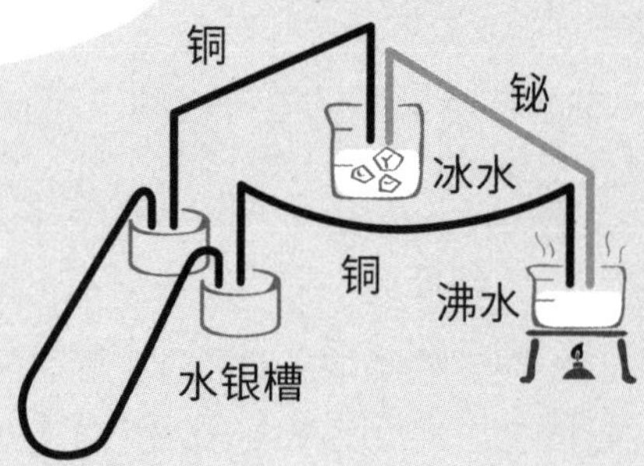

欧姆面临的另一个技术难题，是如何测量电流。当时有人根据电流的磁效应做成了一个最早的电流计，名叫“倍加器”（multiplier），但是倍加器的灵敏度很差。如果用倍加器，他的实验一定漏洞百出。

“我想想……不如先利用热胀冷缩的原理试试好了。”欧姆想出了另一个方法：利用电流使导体变热，以产生的热胀冷缩的程度差别，来测量电流的大小。但是结论跟倍加器一样，效果不佳，他只好放弃，并开始重新思考起来。他改良了库仑的电扭秤（请见第22页），并利用奥斯特的电生磁效应，发明了一种“电流扭秤”。把磁针与温差电池的导线平行放置，只要导线中一有电流通过，测量磁针偏转的角度就能判断电流的大小。

电流扭秤

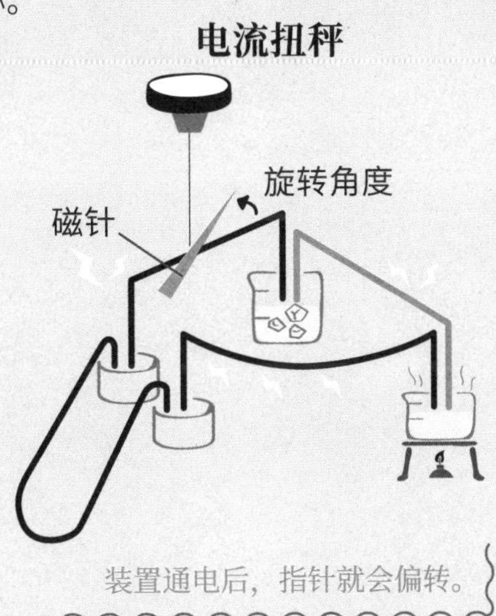

装置通电后，指针就会偏转。

好了！两个装置难题解决后，欧姆终于可以正式进行实验了。

他将八根粗细相同、长度不同的板状铜丝，分别接入电路进行测量，结果发现：

当电线长度增加（电阻变大）时，磁力减小，也就是电流变小了！这个结论再经过数学的推导，结果的确如他所料，**导线上两点间电流驱动力的差（电压）与电流成正比**！

兴奋的欧姆决定破釜沉舟，跟学校请了一年的假，只领一半的薪水，到柏林找他弟弟，专注地发表了两篇重要论文并出版了一本著作《伽伐尼电路：数学研究》，运用数学提出了今日我们所称的“欧姆定律”，清楚地分析了电路中的电压、电流及电阻之间的基本关系。

欧姆的这本书在电路理论方面影响重大，这回欧姆应该可以如愿成为大学教授，不用再回到沉闷的中学教书，受中学生的气了吧。

欧姆可能不如我幸运，没有遇到像你们一样的中学生吧。

但可惜，欧姆的研究成果公布后既没有人叫好，也不叫座。因为在当时的德国，谢林的“自然哲学”（请见第64页）正当红，许多学者欣赏的是电与磁合二为一的浪漫精神，而不是欧姆这种结合实验和数学硬邦邦推导出来的研究结果。

奇怪，好像跟奥斯特那个时候不一样。
唉，风水轮流转，科学世界也是会跟风的。

所以，欧姆想借着电学研究出人头地的希望落空了。这对可怜的欧姆来说，无疑是沉重的打击，因为当时的他已经四十岁了（当时，西欧人的平均寿命只有三十几岁），无妻无子，事业无成，连基本的生活温饱都成问题，只能沦落到给别人当私人家教来维持生计。

不过在1841年，迟来的掌声终于响起，欧姆的研究成果在国外获得青睐。已经五十二岁的欧姆得到英国皇家学会最高荣誉的“科普利”（Copley）奖章，而且从国外红回国内，受邀成为巴伐利亚科学学会的正式会员，并在1852年终于如愿以偿地当上慕尼黑大学的实验物理学讲座教授。可惜的是，短短两年后，欧姆曲折的人生就走到了尽头。幸好历史上留下了以他的名字命名的“欧姆定律”，以及作为电阻的现代国际通用单位“欧姆”。

看到这里，你是不是也为欧姆孤独、坎坷的一生哀叹呢？其实，欧姆的曲折之路还没有完。在他死后约二十年，有人突然发现，原来最早发现“欧姆定律”的人，根本不是欧姆！而是一个号称“最强边缘人”的神秘人物——亨利·卡文迪许（Henry Cavendish）。

天壤之别的科学人生

有人曾说：“卡文迪许是有学问的人中最有钱的，也是有钱人中最有学问的。”这个“边缘人物”的家世可以说是非常显赫，他的祖父、外祖父都是公爵！要知道，欧洲的爵位等级从高到低依次为：公、侯、伯、子、男，公爵是贵族爵位中的最高等级，卡文迪许的家境自然是又富又贵。他的父亲不仅是朝中大臣，而且醉心于科学研究，还是英国皇家学会的重要成员。看来，卡文迪许是遗传了父亲的科学天赋。不过他的性格十分古怪，几乎不说话，怕生到近乎病态的

亨利·卡文迪许
1731—1810
英国物理学家、化学家

这几乎是个隐形人了吧。

别小看他，他可是继牛顿之后英国最伟大的科学家之一哟！

程度；不管跟谁接触都会坐立不安，就连在家里吃饭，也要用纸条点餐，甚至打造了个人专属楼梯和入口，只为躲开管家和成群的仆人。

那个卡文迪许，不是很有钱吗？瞧他穿的衣服，竟然没有一件衣服的扣子是完整的。

谢谢你，卡文迪许。
库仑
欧姆
你们应该没有在讨论我吧……
卡文迪许

我们拿欧姆的人生和卡文迪许的人生做比较，会发现两个人的人生简直是云泥之别。欧姆穷到无法上学，卡文迪许却进了贵族学校，还有私人家教；欧姆遗憾从没正式念过大学，卡文迪许却因为教授在考试中加入神学“污染”了科学，而选择在毕业前夕主动放弃学位；为了出人头地，欧姆必须寄人篱下借用中学的实验室做实验，而卡文迪许却可以把自家的豪宅改建成拥有众多昂贵设备的实验室、私人图书馆，还有无数的仆人伺候他的生活起居；为了温饱，欧姆必须当私人家教赚取微薄的薪水，花钱也锱铢必较，而卡文迪许却能够继承大笔的遗产，富有到完全没有金钱观念，曾经开可以买一栋城堡的巨额支票让仆人去看病；欧姆明明有博士学位，却要经过漫长的奋斗，在五十多岁才终于进入巴伐利亚科学学会，而卡文迪许连大学学位都没

有，却可以在二十多岁就跟着父亲出入英国皇家学会的高级餐会，就像逛后花园似的……

更重要的是，欧姆为了改善生活，必须努力发表论文、撰写书籍、推销自己；而卡文迪许却从来没必要在意别人的看法，他把所有的实验结果和个人发现，都只记录在自己的私人手稿里。在他死后，这些手稿在书柜中存放了大约六十年才辗转流入一位后辈詹姆斯·克拉克·麦克斯韦（James Clerk Maxwell，1831—1879）的手中，麦克斯韦一研究起来才发现卡文迪许不得了！原来，“最强边缘人”卡文迪许把自己关在实验室里，默默发现了二氧化碳、硝酸、惰性气体，并分离出氢气，用氢和氧化合成水，这在当时都是创举。他还靠自己的力量测量出了地球的密度，用扭秤测出了万有引力常数！而更令人惊讶的是，他比库仑至少早十年发现“库仑定律”，比欧姆还早四十六年发现“欧姆定律”！天哪，如果不是卡文迪许把这所有的一切都藏在手稿里面的话，现代课本里的“电阻=$\frac{电压}{电流}$”，可能就不叫“欧姆定律”，而是叫“卡文迪许定律”了！

快问快答

1 我听说鸟儿站在电线上不会被电到，是因为鸟儿身体的“电阻”比电线的电阻大，是这样吗？可是鸟儿又不是电子零件，为什么会有电阻呢？

其实啊，鸟儿之所以站在电线上不会触电，主要还是因为鸟儿是站在同一根电线上，而且两脚间的距离很短很短，所以两脚间的电压也就很小很小。同时，鸟儿身体的电阻还比电线的电阻大，流经鸟儿身体的电流也就更加地微乎其微，甚至可以忽略不计！

不只鸟儿的身体会有电阻，你我的身体也一样！到目前为止，世界上几乎找不到没有电阻的物质。电阻是电子流动时所受到的“阻力”。电流就像空气、水流一样，遭遇环境中的阻力（碰撞到原子或分子）就会减缓前进的速度，所以碰到鸟和人体当然也不例外啊。

2 上题提到“世界上几乎找不到没有电阻的物质”，可见的确存在零电阻的物质，那么零电阻的物质又是什么呢？

我说“几乎”，是因为我们的环境大多处在常温、常压下，在这样的环境中所有物质都有电阻。但在极端低温的环境下，有些物质就会摇身一变成为零电阻的“超导体”！像汞（超导转变温度为-268.95°C）、铌锗合金（超导转变温度为-249.95°C）、镧钡铜氧化物（超导转变温度为-240.15°C）等。当然也存在超导转变温度比较高的超导体，比如-23°C时的十氢化镧就是一种“高温超导体”。因为超导体零电阻又具有抗磁性，在核磁共振仪器中就能派上用场。

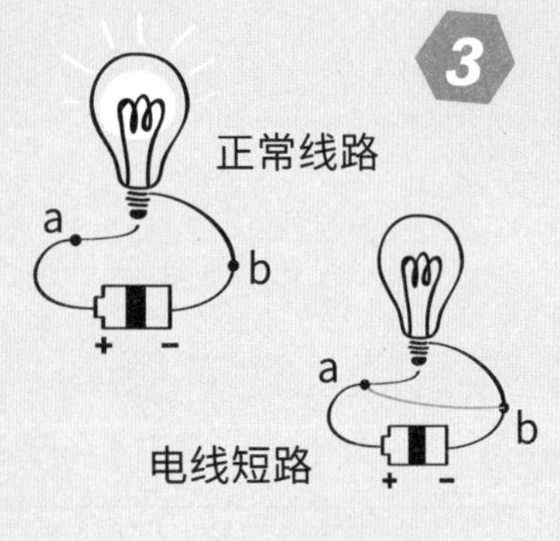

3 新闻报道中常说，电线短路造成电线走火，从而引发火灾。电线“短路”是什么意思？

简单地讲，只要电源接出来的线没有经过电器而接通，就会形成“短路”。用电池和灯泡举个例子：上题提到电流会选择通过电阻较小的线路，观察左侧图中短路的装置，灯泡就像前面所说的鸟儿，电阻比ab段电线的大，所以电流不会通过灯泡（因此灯泡不亮），而选择通过ab段电线。这下问题来了，根据“欧姆定律”，电阻与电流成反比；在某些短路的状况下，电流通过的导线的电阻极小，以至于电流很大，造成导线的温度急剧升高，甚至起火燃烧！

电路里的电子明明是从负极流向正极，为什么不干脆用“电子流”就好，还要规定“电流是从正极流向负极”呢？

不好意思啦！

富兰克林

没办法。从富兰克林开始就规定了“电流是从正极流向负极”，因为当时的科学家认为，有一种电流体会从“多余”的地方流向“缺少”的地方。直到十九世纪末英国的物理学家约瑟夫·约翰·汤姆孙（Joseph John Thomson，1856—1940）（请见《科学史上最有梗的20堂化学课》第19课）发现了“电子”，大家才明白是带负电的电子从负极流向正极。不过因为时间已久，大家也用习惯了，所以至今没有改过来。

扫码回复
“物理第16课”
获取视频链接

【自然系列——物理／电磁学09】（欧姆定律）令人哀叹的欧姆的一生

热爱数学跟物理的欧姆，希望能像安培一样用数学解释电流。没想到在当时推崇思考而不讲求实验的社会，这种做法完全不被认同……

/ 第 17 课 /

电生磁，所以磁也生电？

法拉第

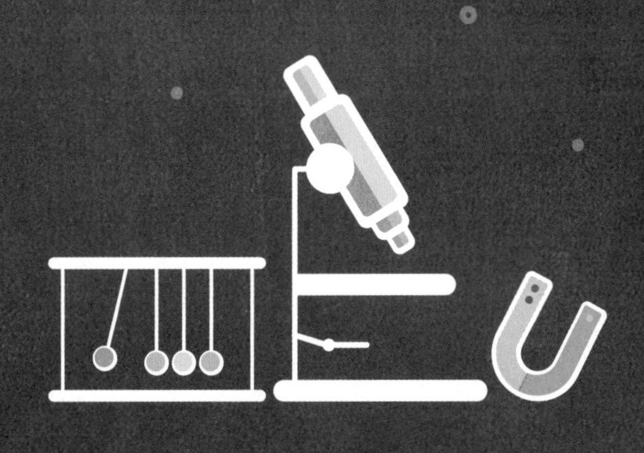

接下来，要讲“迈克尔”的故事！
电生磁
磁生电
Wow（哇哦）！太棒了！
不是那个迈克尔啦！

在认识到电与磁的内在关联后，人们就开启了十九世纪的“电磁时代”。人们原本以为，电与磁之间没有瓜葛，但在1820年，奥斯特竟然发现“电会生磁”（请见第15课）！科学家们的脑中很快就浮现出另一个问题：既然电会生磁，那么反过来——磁也会生电吗？

这在当时是最热门的科学问题之一。许多科学家拿着伏特电池、一捆捆的导线、线圈与指南针，拼命想证明磁力与电力其实是同一种力。但是大多数人都失败了，真正成功的第一人是在英国纽因顿出生的铁匠之子迈克尔·法拉第（Michael Faraday）。法拉第虽然有着“迈克尔”这样的“菜市场名”[1]，但在那个年代却是与小说家狄更斯同享盛名的欧洲传奇人物。由于他步入“电”坛的过程实在太励志了，所以就让我们从他的童年开始说起吧。

电生磁，磁生电……

听起来好像鸡生蛋，蛋生鸡。
菜市场名有什么关系！
对嘛，叫迈克尔的都是传奇。

迈克尔·杰克逊

迈克尔·乔丹

勤奋创造机会

迈克尔·法拉第出生在贫困的铁匠之家，在家里四个孩子中排行第三。因为爸爸体弱多病，经常无法工作赚钱，所以他很早就辍学，开始挣钱养家糊口。十三岁的法拉第，第一份工作是送报纸。当时的报纸与现在的不同，是由好几户人家轮流传阅。法拉第的工作就是在前一家人看完报纸后，把报纸送去下一户人家。因为他勤奋认真，老板免费收他做装订厂的学徒，只要经过几年学习，就能正式为人装订书籍。

当时的书籍也与现在的不同，很多人会买书籍的散册，然后请工厂帮忙装订成自己喜爱的模样，所以书籍常常会在装订厂留好几天。法拉第就趁着午休或晚上空

①菜市场名：中国台湾地区把同名的人都笑称为“菜市场名”，意指你到菜市场去找叫这个名字的人，很多人都会回头答“有”。

闲时，把这些昂贵的书一本本地读完。这段经历培养了法拉第对科学的浓厚兴趣，尤其是对化学和电学的兴趣。

那时装订厂有位老主顾是英国皇家研究院的会员，他看法拉第这位年轻人勤奋好学，就送了化学家汉弗里·戴维爵士的四张演讲会入场券给法拉第。戴维这位伦敦的大明星（请见《科学史上最有梗的20堂化学课》第11课）在皇家研究院的科学演讲场场爆满，虽然票价昂贵，但每次都能吸引众多的上流绅士与名门淑女。兴奋的法拉第当然不会浪费这个大好机会，他不但用耳朵听、用眼睛看，手还不停地记下演讲重点，并把实验装置用素描的方式抄录下来，最后用他最拿手的装订技术将笔记做成了一本精美的书。

在十九世纪初期，科学演讲是深受上流社会欢迎的时髦优雅的社交活动。每次演讲都能吸引数百甚至上千人买票入场。门票收入也是当时皇家研究院经费的重要来源。

经过这场科学的洗礼，年轻的法拉第整颗心都飞到了科学那边。他不想再当一个装订工了，于是他毛遂自荐写信给皇家研究院的院长，但根本没有收到回信。因为那个年代的英国，社会阶级分明，像法拉第这样的工人连绅士都谈不上，更别提进入皇家研究院了。然而法拉第并不气馁，他直接写信给戴维，还附上了他听演讲时做的精美笔记，戴维立刻给了他相当友善且正面的答复。所以当戴维做实验发生爆炸，致使眼睛受伤，急需一位助手帮他记录实验时，他一下子就想起了那个寄来精美笔记的年轻人，于是急忙把法拉第找来帮了几天的忙。

戴维

更幸运的是，几个月后，皇家研究院一位助理因为跟同事吵架而被解雇。戴维就推荐法拉第接任这个助理的职位，薪水是每周二十五先令，暖炉燃料免费，还可以住在皇家研究院顶楼宿舍的房间里。

就这样，法拉第好不容易进入了科学的殿堂，实现了以科学为职业的梦想。没想到，才过半年就又发生了变化。戴维打算启程去欧洲各地拜访科学家，并到法国领取拿破仑颁发的科学奖章。当时，法国正在和英国打仗，戴维的仆人不愿意冒险去敌国，戴维只好让法拉第同行。法拉第一路上除了帮忙做实验，还被戴维的夫人当成仆人羞辱、使唤。当他终于再回到皇家研究院后，是如何从只上过几年学的装订工人翻身，被认可成为真正有能力的科学家的呢？关键就在于1821年，法拉第提出了“电磁转动”，而这正是他荣耀与麻烦的共同开端。

被当成仆人虽然不开心，但这场壮游①对法拉第来说，就像是“出国深造”，使他的科学功力大增！

电磁转动与电磁感应

迈克尔·法拉第
1791—1867
英国物理学家

1820年，奥斯特发现电生磁的消息传开没多久，戴维的好友威廉·海德·沃拉斯顿（William Hyde Wollaston）就跑到研究院跟戴维激烈地讨论这件事。不到半个月，安培又发现通电的导线间会有相吸、相斥现象（请见第69页），沃拉斯顿便更常出现在研究院，跟戴维一起做实验并谈论看法。

“我想再多了解一些，你说得详细一点儿。”戴维对沃拉斯顿的想法充满好奇。

①壮游：一种旅游形式。它是指自文艺复兴时期以后，欧洲贵族子弟进行的一种传统的旅行，尤其盛行于十八世纪的英国。

威廉·海德·沃拉斯顿
1766—1828
英国物理学家、化学家

安培认为，电流的磁效应是因为导线里有“分子电流”，你怎么看？
戴维

我同意。我也认为电流在导线里面很可能是分子以螺旋的方式前进……

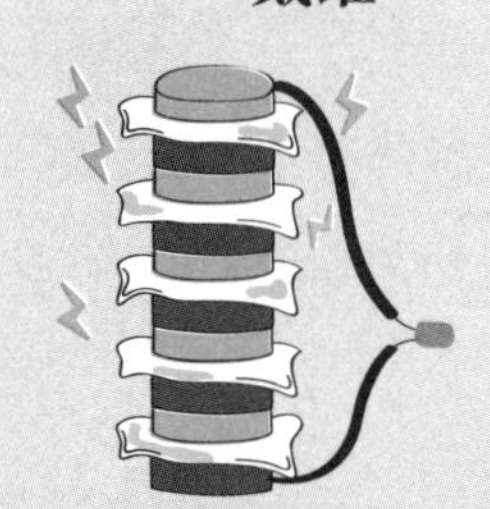

“我想，用磁铁靠近一条直直挂起的金属导线，会让导线以磁铁为轴旋转，像这样……”沃拉斯顿用笔在纸上画出自己心里预想的样子。

可是，后来一直没有办法做出能够印证他内心想法的实验。

其实，科学家做不出实验也不是什么大不了的事。可偏偏沃拉斯顿向戴维提出这个想法的时候，法拉第也在场。那段时间刚好有人邀请法拉第撰写一篇电学主题的文章，所以法拉第把过去相关论文都研究了一遍，又把实验全部亲自做了一遍，如此一番深入探究后，法拉第对电磁问题的兴趣就一发不可收拾了。没多久，法拉第就设计出一套实验来验证自己心中的推论。

他在两个装入水银的玻璃瓶底部插入导线，并分别设置不同的装置如下：

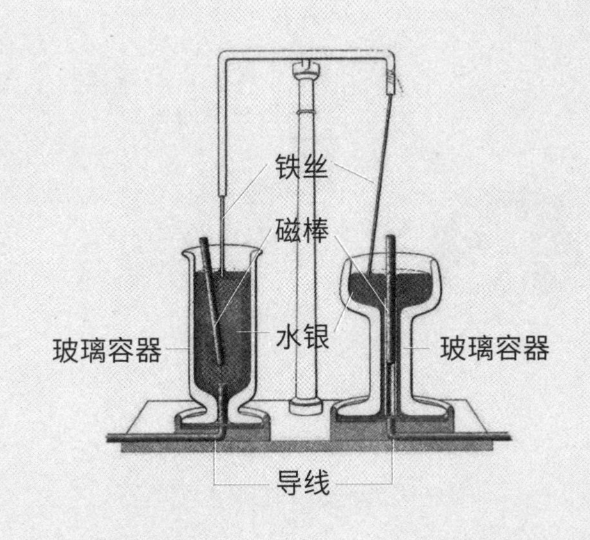

法拉第用导电的水银代替了导线。真聪明，这样就可以实现自由转动，而不用担心导线会打结了！
LIS

结果通电以后，左侧下方的磁棒绕着上方的铁丝转动，而右侧上方的铁丝也绕着下方的磁棒转动。

“哈哈，好像在跳华尔兹！太美妙了！”法拉第兴奋地把这种现象称为“电磁转动”。这个装置可能是历史上最早的电动机（也就是现代马达的雏形），虽然构造还很简单，就像玩具一样，但很快就会改变全世界。法拉第等不及通知沃拉斯顿，就急着写论文在科学期刊上发表了。这篇论文当然为法拉第赢得了不少的掌声，使各界开始认可法拉第是一个拥有独立研究能力的科学家，但同时也给法拉第本人带来了很大麻烦——虽然法拉第的实验和沃拉斯顿原先的设想有差异，但沃拉斯顿还是觉得法拉第“剽窃”了他的想法，所以他不但不承认法拉第的贡献，还四处放话攻击他。

戴维为了自己的朋友，对法拉第也不手软。他不但以会长的身份对外宣布，电磁转动是由沃拉斯顿所发现的；还投下了唯一的反对票，反对法拉第当选英国皇家学会的院士。

看看你那可恶的助理！

别气了，我帮你说说他。

自己做不出来实验有什么好气的呀？

这件事对法拉第来说是一大打击。即使法拉第仍然成功当选院士，正式踏入科学家之林，他和戴维却从此结下心结，师徒关系再也无法恢复以往。

其实法拉第心里清楚，发现电磁转动后的下一个目标，就是要把奥斯特的“电生磁”反过来，研究如何让“磁生电”。然而他为了避嫌，选择把自己的电磁研究“冰冻”起来，顶多在有事没事的时候，悄悄地在口袋里把玩磁针、线圈，并暗自计划未来想要进行的实验研究。

几年后，局面突然有所改变。戴维因为早年做太多化学实验伤及身体，对研究不再有热情，终日以旅行与钓鱼自娱。结果于1829年，在瑞士日内瓦旅行时意外过世。

法拉第得知消息后，心里虽然感伤，却也卸下一块大石头。现在不用再顾虑恩师戴维的想法了，法拉第重拾他对电学研究的热爱，启动了“磁生电”的研究计划。

1831年秋天降临时，法拉第在做实验时，偶然观察到一瞬间的变化。

他在一个软铁环上，缠上两段导线，一段接上电池，一段接上检流计，装置如下：

检流计是用来检测微弱的电流的。

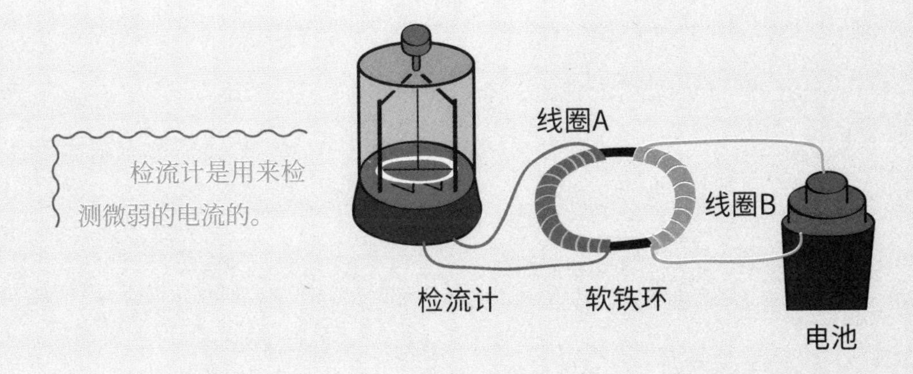

当时，大多数科学家都预想磁能产生稳定的电流，也就是检流计的指针偏转后应该保持不动。但是法拉第不一样，他注意到导线接通的那一瞬间，检流计的指针偏了一下后，瞬间又恢复到0。

“这应该是通电后，线圈B的电生磁，使软铁环带磁；而软铁环的磁生电，又使线圈A带电，但为什么指针只动了一下，就又转到0了呢？”法拉第想不通其中的道理。

“这一定代表着什么。我得再做些实验，把它弄清楚。”

过了几个礼拜，他想试试看在没有电流的帮助下，光靠磁力是否可以生电。于是他拿了两根磁铁和一根缠绕着线圈的软铁棒，依下图样子排成三角形。然后，直接移动两根磁铁的一端往线圈靠近。

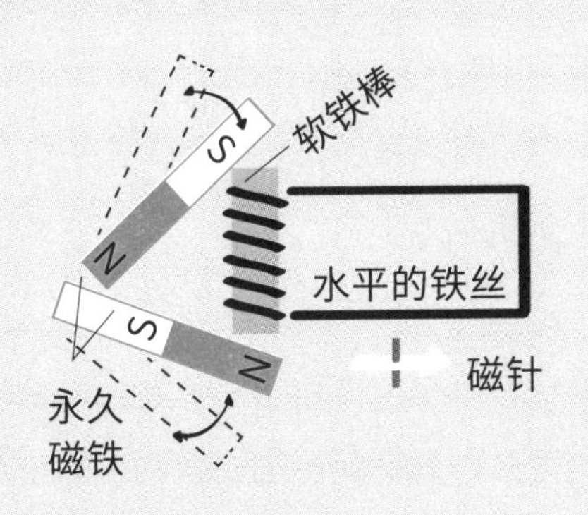

软铁棒是一种氧化铁，可以暂时被磁化，不会导电。而置于铁丝下方的磁针用来充当检流计，只要铁丝有电流通过，电生磁，就会使磁针偏转。

“动了，动了！”法拉第在研究院地下室的实验室里兴奋地大叫起来。

“只要把磁铁靠近线圈，铁丝下方的磁针就会跟着转动。”

“我懂了！这一切是因为，要有磁力变化才会生电！静止的磁铁根本不会产生电力。”

法拉第终于发现，之前是自己把实验想得太复杂。原来，简单地用一根磁铁插入或拔出线圈，就能让线圈瞬间产生电流。

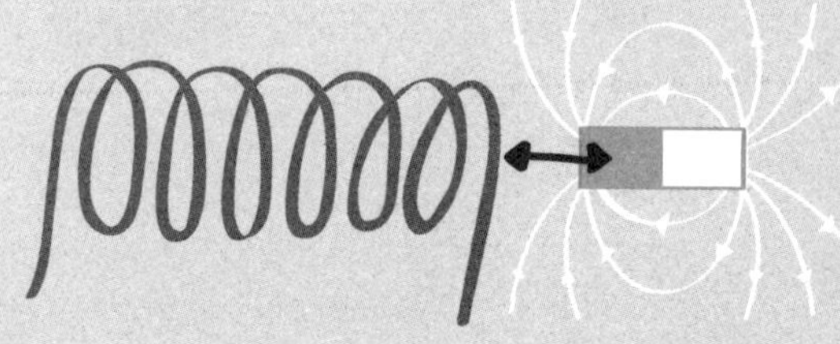

用现代的话来说，就是磁铁进出线圈，使通过线圈的磁力增加或减少时，线圈就会感应生出电流来。这种现象就叫作“电磁感应”。

历史走到这里，电生磁，磁生电，人们证实了电与磁果真是天生一对，从此再也不分离了。

法拉第圆盘

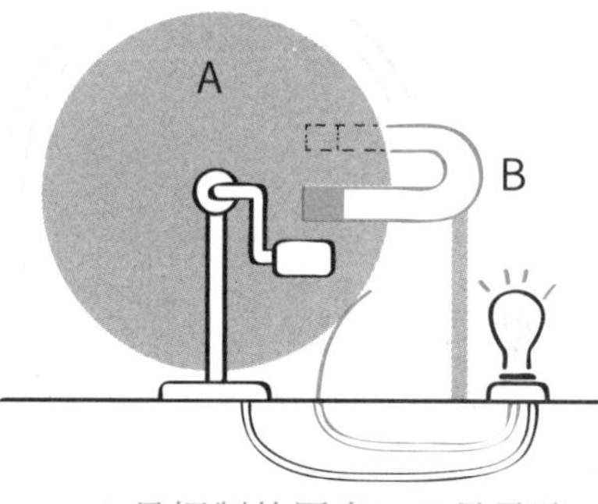

A是铜制的圆盘，B是马蹄形磁铁。只要旋转把手，使铜盘转动，“电磁感应”生成的电流就会从铜盘的中心流向边缘，再经过电路使电灯发亮。

世界第一部发电机

法拉第很快把实验结果写成论文公开发表，而且利用“磁生电”的原理，设计出世界第一部发电机“法拉第圆盘”（Faraday's disk）。

虽然这部发电机缺点很多，发电量少又不实用，与现代厉害的发电机相差十万八千里，但是它预示了电气化时代的来临，终将引发人类社会的巨变。今天我们有幸享受到便利的电力生活，除了要大力感谢勤奋上进的法拉第之外，是不是也应该谢谢那位因为跟同事吵架被解雇，从而使法拉第有机会进入皇家研究院，大跨步走上科学之路的研究助理呢？

快问快答

1 我们在讨论磁场时，常常会画磁感线。磁感线是谁发明的？也是法拉第吗？

发明磁感线的正是法拉第！法拉第虽然是位伟大的电学家，却没机会接受数学训练，当他看到像安培那样的数学高手写出来的数学公式时，自然觉得很头疼，因此一直想用更直观、更简单的方法来取代复杂的数学公式。于是他提出“磁感线”的概念，方便人人都能看懂，在科学界大获成功。后来，法拉第又认识到磁铁的周围其实有无限条磁感线，就像一个连续分布的“场”，所以他又提出“磁场”的概念。

谢谢你数学不好！不然我就要学数学公式了。
真是没礼貌的家伙。
法拉第

2 第九十页的那张图真有趣！请问，图最右侧的那位先生是皇家研究院的院长吗？他是在监督戴维做实验吗？

最右侧那位不是院长，而是第14课提到的伦福德伯爵（简称伦福德）。事实上，伦福德是英国皇家研究院的创立者之一。他希望科学研究在为贵族服务的同时，也能为平民解决生活上的问题。怀抱着这个理念，他出钱出力创立研究院，并提拔年轻的戴维成为主讲者。

只是后来伦福德跑去结婚了……收到法拉第来信的院长，主要负责处理

行政与人事，没把科学研究放在心上。如果法拉第早几年寄信，遇上还在主导研究院科学事务的伦福德，也许能提早开始他的科学生涯。不过虽然晚了几年，法拉第最终还是成了一位真正的科学家！其实科学家“scientist”这个词，最早就是用来称呼法拉第的，因为他是让科学和平民生活联系起来的首位代表人物。在他之前，大部分的科学家都出身贵族或富裕家庭，仍沿用“自然哲学家”这个称谓呢！

感谢伦福德伯爵！
感谢戴维！

LIS影音频道 

扫码回复
“物理第17课”
获取视频链接

【自然系列——物理／电磁学07】（法拉第的电动机）磁铁中的战争

十九世纪二十年代，各种研究电与磁之间关系的实验纷纷被提出……如果磁力的来源真的是电，那用手摸磁铁时为什么不会被电到呢？法拉第又为什么要反对当时声名大噪的安培呢？

【自然系列——物理／电磁学08】（电磁感应）电磁同根生

法拉第提出了电磁感应，发明了发电机，改变了人类的生活方式。那法拉第是从什么实验中发现电磁感应现象的呢？他又是如何观察到磁力改变的呢？

第 18 课

发现能量守恒定律

焦耳

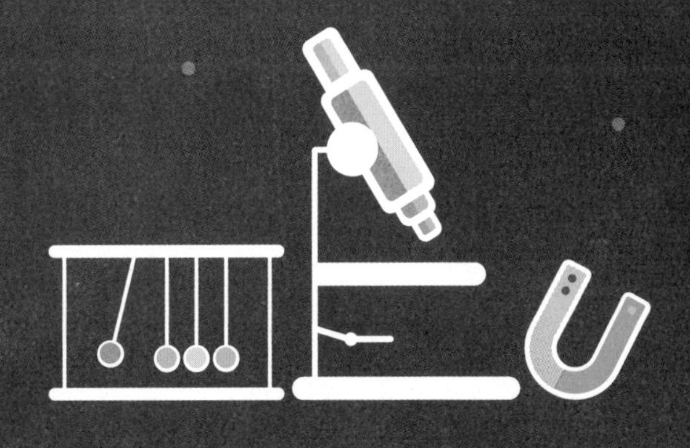

同学们，热是运
动！知道吗？
这我早就知道了。
不是这个意
思啦……
L I S

十九世纪，越来越多的工厂如雨后春笋般出现，机器的轰隆声划破往日的宁静，工厂更加依赖蒸汽机，因此想将蒸汽机改良得更有效率的愿望也更加强烈。只不过，工程师们在进行改良作业时，个个都只是跟着“经验”“感觉”走，实际上对于热能是如何转变为机械运动的理论，根本不清楚。更何况，众人对“能量”这个词都还没有任何明确的概念。

永动机是梦幻的赚钱机器！

这从十九世纪初期，“永动机”（perpetual motion machine）风潮又突然席卷欧洲，就可以看得出来。

永不停止的永动机

当时只要有人宣称“我发明了一部永动机”，必定会在各地引发震动。人们想要做出的永动机，是“不需要输入能源，就能持续运转，永不止息”的机器，因为这样就能有源源不绝的动力，可以发电、磨面粉、纺纱、抽水……带来的财富一辈子都用不完。听起来极具吸引力！其实早在1159年，印度数学家巴斯卡拉·勒尼德（Bhaskara the Learned，1114—1185），就绞尽脑汁要设计出永不停止转动的“巴斯卡拉轮”。

拜托你一直转转转下去吧。

巴斯卡拉轮是一种由一个轮子以及轮缘周围的水银轴条组成的不平衡机器。利用轮子旋转时水银在轮内的流动，使轮子的一边永远比另一边重，所以可以不停地旋转，直到永远。

结果这件事实在太难了，巴斯卡拉没有成功。后辈科学家们再接再厉，不少人甚至像着了魔似的，投注一生来研究永动机。

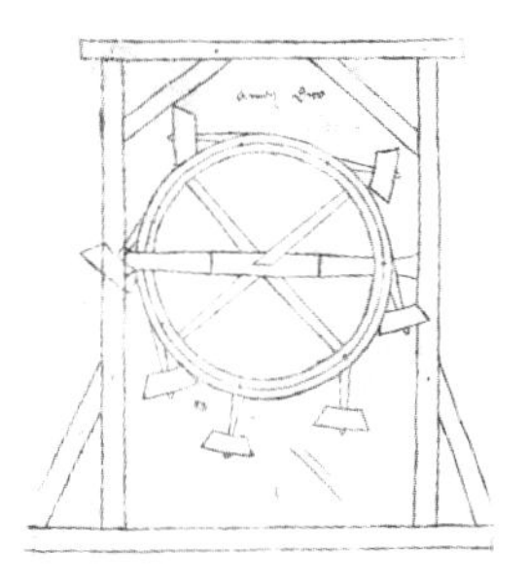

十三世纪的维拉德·亨内考（Villard de Honnecourt）

轮上小槌自然下垂，使轮子两边不平衡而转个不停。

十五世纪的列奥纳多·达·芬奇（Leonardo da Vinci）

钢珠在轮子轨道里自由滚动，轮子就会不停地旋转。

十六世纪的罗伯特·弗拉德（Robert Fludd）

永不停止的螺旋抽水机，可使磨坊里的石磨不停地旋转。

十七世纪的罗伯特·波义耳（Robert Boyle）

利用细管的毛细现象①把水往上吸出，不停地自动循环！

二十一世纪的严八

呃，看起来应该是……运用磁力前进的永动“车”。

猜猜看，以上几款“永动机”，哪一个可以永不停止，真正运转到天荒地老呢？事实上，它们全部都不可以。换句话说，千百年来痴迷于永动机的设计建造者，从来没有成功过，一个都没有。

自动轮的骗局

不只如此，永动机的魔力还引来了想出名或想发财的骗子。1714年，有位笔名叫奥尔菲留斯（Orffyreus，本名为 Johann

①毛细现象：毛细管插入浸润液体中，管内液面上升，高于管外液面；毛细管插入不浸润液体中，管内液面下降，低于管外液面的现象。毛巾吸水、地下水沿土壤上升都是毛细现象。

Ernst Elias Bessler，1680—1745）的德国人，宣称自己发明的“自动轮”，每分钟可以旋转六十次，每次可以举重十六千克。这位老兄很狡猾，故意不公开原理，邀请各路好汉来踢馆，验证他的自动轮是真是假。结果在1717年，一位来自波兰的州长真的派人守着他的自动轮，经过几个月的观察，发现自动轮的确没有停止旋转，所以特颁发证书向世界证明，奥尔菲留斯的自动轮是货真价实的永动机。从此以后，奥尔菲留斯光是靠展示自动轮，就赚了一大笔财富，又获得贵族们的科学赞助，得意又风光。直到有一天，他的妻子与女仆吵架，女仆一气之下对外爆料——原来，这部自动轮是靠躲在墙壁夹层中的人拉着缆绳运转的，根本不是什么永动机。

根本就是作弊嘛！

永动机神话暂时陨落，不过很快在十九世纪又风生水起。那个时代的科学发展让科学家们相信永动机还是有可能的，只是人们还没找到适当的方法，或许只要再多努力一点儿就能突破盲点！

所以，当时有很多人一头扎进永动机这门梦幻科学里，不可自拔，其中包括一位富裕的英国啤酒商之子——詹姆斯·普雷斯科特·焦耳。当时还是少年的焦耳，是典型的永动机迷，经常参考前辈们的作品，梦想着设计出属于自己的永动机。他经常绞尽脑汁，熬夜画设计图，并且在爸爸为他建立的私人实验室里，动手制作零件，组装梦想中的永动机。可是他的永动机永远中看不中用，明明设计理念很合理，结构组装也没问题，但是不知道为什么，实际成品却总是不尽如人意，每次都是只动几下，就不再动了。一段时间后，心碎的焦耳只好把永动机抛在脑后，跟着当时发现“原子论”而名满天下的大科学家约翰·道尔顿（John Dalton，1766—1844）（请见《科学史上最有梗的20堂化学课》第12课），扎扎实实地学起真正的科学。谁料十年、二十年过去了，焦耳却发现了“能量不可能无中生有”的“能量守恒定律”，亲手把自己曾经为之心动不已的永动机，送进了坟墓。

电生热，运动也生热

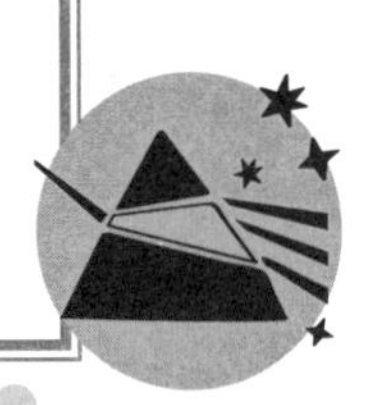

詹姆斯·普雷斯科特·焦耳
1818—1889
英国物理学家

告别年少时期对永动机的迷恋与迷惘之后，青年的焦耳将兴趣转移到了当时最新颖的科学领域——伏特电池和马达上。

焦耳家里的酒厂有蒸汽机，可是焦耳发现蒸汽机的效率实在太低了，即使是当时最先进的蒸汽机，烧掉大量的煤，也仅仅能完成少量工作。

“这太浪费了，说不定养一匹马，都比蒸汽机有效率。”焦耳忍不住挖苦道。

他心里盘算着，说不定可以用“电动机”取代“蒸汽机”，效率会更高些，所以他加倍用功地研究电学。没过多久，他就在实验中发现，通电后的电线和零件会微微发烫。如果按照当时流行的“热质说”，那么发热零件里的热质应该是从电路的其他部

分流过来的（没错，虽然半世纪前的伦福德伯爵就已经提出“热动说”，但“热质说”还是流行到现在。请见第14课），所以其他部分的温度应该降低才对。

“可是没有啊，”焦耳仔细地测试了各处的温度后说，“电的所到之处，温度都升高了，没有什么地方的温度是降低的。”

“唯一的可能是……是电产生了热，而不是热质！”

眼前的实验结果，使他转而相信“热动说”，抛弃“热质说”。但是这跟“热动说”有什么关系？为什么电流会产生热呢？

原来，焦耳是用道尔顿老师的“原子论”来思考这个问题的，他认为是电流在穿过电线中的金属原子时，使原子们互相摩擦、碰撞，因为“摩擦生热”，所以凡是有电通过的地方自然就会微微发热了。

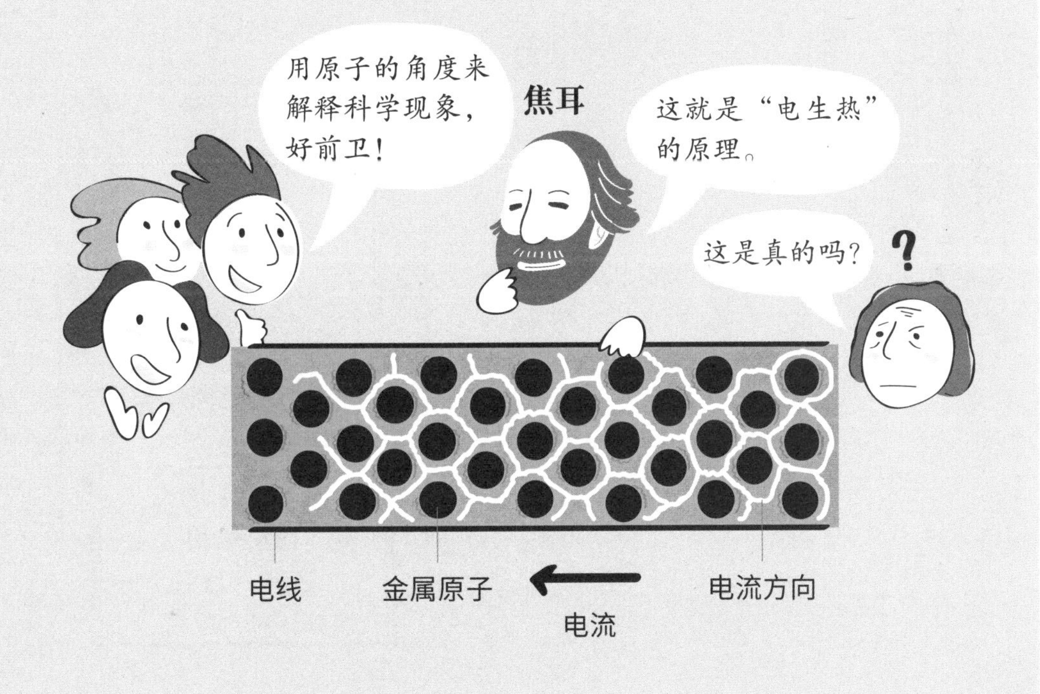

焦耳的理论影响了当时科学家对“电生热”的看法。但是，如果要彻底说服大家，首先他必须证明“热动说”（运动产生热）是对的，然后他的“电生热”理论才有可能是对的。

这时，他因为迷恋永动机而磨出来的机械设计功底，就刚好派上了用场。

他设计了有扇叶的转轴（请见下图），然后将扇叶放进隔热的水箱里，并在转轴上缠上线，线的末端绑上重物。当重物往下掉时，就会带动扇叶在水中旋转；等到重物降到最底下时，再让重物升上去。如此反复地进行，他就可以测量出水温有没有上升，同时也可以计算出重物下落时所做的“功”的大小。

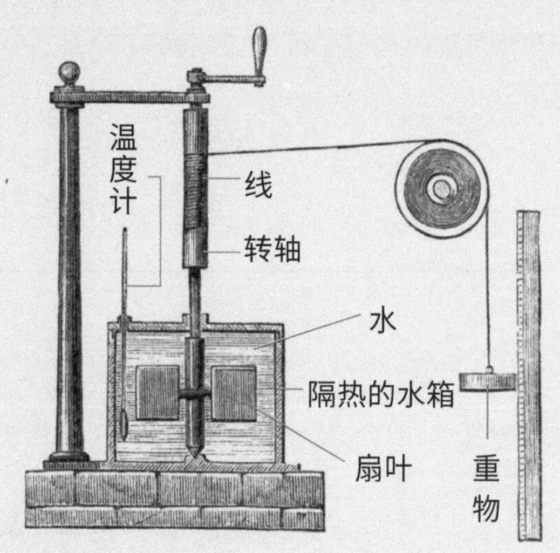

焦耳的热功当量实验装置。

“功”的概念，是贾斯帕-古斯塔夫·科里奥利（Gaspard-Gustave de Coriolis）在1829年出版的教科书《机器功效的计算》里首度提出的，用来计算机械的工作效率。

“功”的概念是我提出的。功就是力与物体位移的乘积！

贾斯帕-古斯塔夫·科里奥利
1792—1843
法国物理学家

只是，每次重物落下能使水温上升的幅度实在太小！不但要花上很长的时间，操作起来也十分费力。有一回实验，他让重物自由下落十一米，每一次都得把线卷好、上升，再让它落下去，这样重复做了一百四十四次，测到的水温也只上升了一点点。

据说，实验狂焦耳就连在蜜月旅行时也不放过做实验的机会。他想知道水从高处"运动"到低处，究竟能够产生多少"热"，所以带着妻子旅行到法国南部的萨朗什瀑布时，也不忘冒着危险测量瀑布顶部与底部的水温。结果，可能瀑布底部的水温比顶部的只高了一点点，现场根本很难测量出来。

焦耳用了好多种方法，做了许许多多的实验，反复测量运动生出来的热，最终不但证实运动的确会产生热，还通过精准的测量得到了一组精确的数字：

"平均来说，让三百六十二千克的重物往下掉三十厘米，就能让0.11千克的水升温0.55°C。"

后人为了纪念焦耳，就用"焦耳"的名字作为能量、热或功的单位；因此，以上的数字经过换算，用现代的话说就是：

做4.18焦耳的功，可以得到一卡的热量。

焦耳证明了"热动说"，"热质说"终于被抛弃。
太好了，等了好久。
伦福德伯爵

这种热量以卡为单位时与功的单位之间的数量关系被称为"热功当量"。人们能用它来计算运动的功可以转换成多少热量，也使得当时正在科学界萌芽

的“能量守恒”概念越发清楚起来，就像一幅即将完成的图画，找到了最后几块拼图一样。

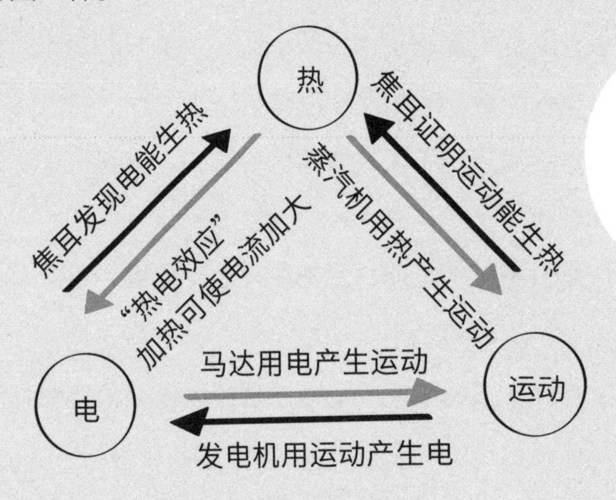

看来，能量之间只会互相转换。能量既不会凭空产生，也不会凭空消失。能量是守恒的。

既然焦耳的实验证实了“能量守恒”是大自然的基本规律，那世界上怎么可能会有永动机存在呢？能量不可能源源不绝地凭空而来，永动机也就违反了自然的法则。所以想要设计出永不停止的永动机，自然是痴人说梦。难怪从古至今，都没有人成功。

历经波折才确立的能量守恒定律

德国哲学家弗里德里希·恩格斯（Friedrich Engels，1820—1895）曾经把“能量守恒定律”与“进化论”“细胞学说”并列为自然科学的三大发现，由此可见能量守恒定律的确立有多么重要。可是，在焦耳提出他的工作发现时，大家却并没有重视；可能是因为他被视为一名“业余”科学家，他的热功当量只能沦落到在报纸上而不是正式地在科学期刊上发表。当他希望在科学年会上正式报告他辛苦所得的理论与实验成果时，主席也只给了他短短几分钟的时间，催他草草说完实验过程。

不过他还不是最惨的。当时除了焦耳之外，还有另外两个人也几乎同时发现了“能量守恒”。一位是德国医生尤利乌斯·罗伯特·冯·迈尔（Julius Robert von Mayer），他是最先提出能量守恒的人，可惜当时没人看重他的理论，使他在精神上大受打击，跳楼自杀不成，还被送进了精神病院。

另一位是赫尔曼·冯·亥姆霍兹（Hermann von Helmholtz），他根据焦耳和其他科学家的实验，把能量守恒的概念运用数学清楚地表达出来，并且把能量守恒的观念广泛地应用到热力学、天文学、生理学、电磁学等。这才使能量守恒的概念慢慢被世人接受。

能量守恒定律给世界的重要启示是：不同领域的自然科学间，全都有着连贯性与一致性。它像一个伟大的证据，证明了自然界的各种能量都可以互相转化，而不是分别开来的不同的东西。当年迷恋永动机的那一位酒厂少年，亲手把热切渴盼的永动机送进了历史的灰烬中，这也是始料未及的呀！

快问快答

1 市面上有一种叫作“牛顿摆”（Newton's cradle）的科学玩具，好像永远也不会停，它算不算永动机？

这个玩具很吸引人，在二十世纪六十年代才被发明出来，据说跟牛顿本人无关。最常见的牛顿摆是由五个相同质量，紧密地吊挂在一起的球组成。只要拉起一侧的球再放手，另一侧的球就会接连弹起，然后左右轮流弹个不停。

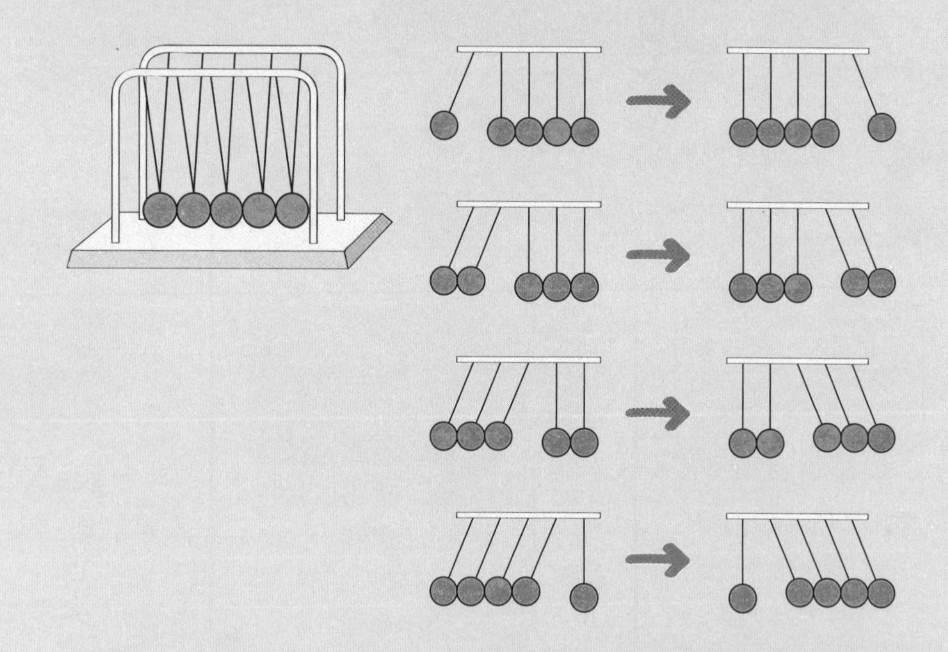

牛顿摆依据的是“动量守恒”原理（本书没有提到，但高中物理会教的哟），理论上是永远不会停的。但实际上，球体在摆动过程中会遇到空气阻力，球与球碰撞时也会有摩擦力，所以球体摆动的能量会慢慢消耗，球的摆幅会渐渐变小，最终停止。你觉得它是永动机吗？

2 我们能不能做出另一种永动机，利用海洋、空气或宇宙中源源不绝的能量，永远地运转下去？

你的脑筋动得真快！其实很多人早就想过这个问题，凭空制造能量的“第一类永动机”被证实不可能后，人们就把脑筋动到“第二类永动机”上，想利用源源不绝的自然能量实现永远转动。

遗憾的是，到目前为止，没有任何第二类永动机成功过。即使它们能从大自然吸收能量，但它们也还是机器。只要是机器就一定会产生摩擦、损耗或其他情况，如果没有给予机器其他动力，让装置可以自助修复或重新启动能量利用的循环，它们一样无法持续运转下去。

而且，人类到底能不能发明永动机还很难说；一直到现在，仍然有人在尝试发明永动机，这代表了人类对大自然的无穷探索与永不放弃。

3 阿尔伯特·爱因斯坦（Albert Einstein）有一个很有名的公式：$E=mc^2$，表示质量可以转化成无比巨大的能量。这符合能量守恒定律吗？

人类对自然的探索，是一个由浅入深的过程。十八世纪拉瓦锡发现“质量守恒”——化学反应的前后，反应物与生成物的质量不变。但当时的人们还不太了解能量的概念。直到一百年后人类开始认识热、电与动能的本质，才知道能量不会消灭，只会转换成不同的形式。到了二十世纪，人们开始探索原子内部的微观世界，才了解到在某些极端条件下，质能原来也可以互换！“质量守恒”和“能量守恒”都是自然世界的基本定律，如果把微观的粒子世界也考虑进去，一个独立系统中的总质量和总能量也会守恒。质能互换并没有推翻质量守恒或能量守恒，而是这两个定律的加深加广。

4 如果我先计算出自己吃下多少热量的食物，再看我能跑多远，是不是就可以计算出每一卡的热量能做多少功？

愿意拿自己做实验，精神可嘉！但这样做实验会有许多漏洞。因为人体不是机器，不管呼吸还是思考，甚至停着不动，都得消耗能量。所以你吃进去的热量，有一部分会用来维持身体的基本机能，这样计算出来的热功当量并不准确，不过当成你的体能训练倒是不错！

总是静不下来，我看他才更像永动机。
LIS

LIS影音频道 

扫码回复
“物理第18课”
获取视频链接

【自然系列——物理／摩擦力】（永动机与摩擦力）阿蒙顿房间里的秘密（上）（下）

永远持续运转的永动机，这么传奇的装置是否真的存在？牛顿提出物体受力就会改变运动状态，但法国物理学家阿蒙顿的实验却怎么也无法证实这个说法，该怎么解释这个现象呢？

【自然系列——物理／能量】（热功当量）佛系科学家焦耳（上）（下）

十九世纪，焦耳受到道尔顿的启发，开始试着用原子的概念解释“电生热”现象。他也是第一位研究热能、机械能与电能之间相互关系的科学家。然而，焦耳是如何开始研究热量的呢？

/第 19 课/

解开光速之谜

菲佐和傅科

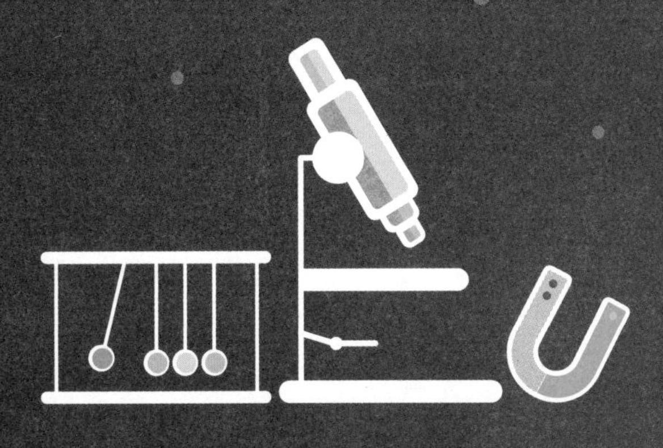

光速＝299 792 458 m/s
背不出来！但我记得鲁芙的手机号码是……
不要泄露我的隐私！

光学是一门古老的科学。早在古希腊时代，自然哲学家们就探讨起光的本质；光沿直线传播和反射定律最晚在公元前四世纪到三世纪就已经确立；折射定律、光的色散也在十七世纪被人们破解。不过，光仍然有着人们难以揭开的神秘面，例如光的速度到底有多快，一直到十九世纪，还是没有人可以精确地计算出来。因为光的速度实在太快了，总是瞬间就洒满人间，以至于如何测量光速让人伤透了脑筋。

无法厘清光速的“快”，就是无限快？

然而不管再怎么困难，人类最终还是要面对光速的问题。因为光的正确速度是一组关键数字，如果一直没有办法突破，那么接下来的问题，比如光是波还是粒子、电磁波如何传播、天体间的距离以及许多天体运行的误差，都会卡在这里，难以发展。所以不少科学家为了测量光速绞尽脑汁，也是非常自然的事。十七世纪初期的科学家开普勒和笛卡尔就曾经认为：

约翰尼斯 · 开普勒
1571—1630
德国天文学家

我也这么认为！

勒内 · 笛卡尔
1596—1650
法国物理学家、哲学家

奇怪，笛卡尔不是说光速在水中比空气中快吗？（请见第7课）

科学家也有自相矛盾的时候嘛！

嘿，跟我一样。

因此有好几百年的时间，人们相信光从A点前进到B点，不管距离多远，都“不需要任何时间”就能到达——因为光的速度无限大。你觉得这可能吗？不管你信不信，至少喜欢质疑、生性叛逆的大科学家伽利略是不相信的。他打心里不相信，有任何东西可以在“零秒”内到达任何地方，包括光线在内。

我也有很多失败实验的经验哟！

是实验课不认真吧！

所以，他请一个朋友，提着灯笼爬上一座山顶，他自己也提着灯笼爬上对面相隔1.6千米远的另一座山顶。两个人讲好，当伽利略打开灯笼盖子的时候，他的朋友只要看到对面山头有光，就立刻打开灯笼的盖子。

结果，伽利略声称自己看到光在0.25秒后传回来，但是这个数字可信吗？现代科学家曾做过一个简单的测验，测量一般人看到灯泡亮起，就立刻伸手去按按钮的“反应时间”，结果平均需要0.2到0.3秒。所以伽利略也知道，这0.25秒恐怕只是他朋友的反应时间，真正的光速太快，用这种方法根本测不出来。这个实验也成为历史上最有名的“失败”实验之一。

利用天体算出光速

接下来还有一位挑战者，是丹麦的天文学家奥勒·罗默（Ole Rømer）。1676年，他在巴黎天文台研究木星的卫星伊奥（Io）时，发现伊奥的观测数据里有些奇怪现象。伊奥绕木星公转，它的公转周期是恒定的。当伊奥绕到木星背后被遮挡时，就会出现卫星蚀①。既然伊奥的大小、公转周期和木星的大小都是恒定的，那么卫星

①卫星蚀：是指卫星被其围绕着的天体挡住，得不到阳光照射的现象。

蚀发生的时间也理应是一个确定的数值。可罗默观察到的卫星蚀的时间却是不规则的，而这些需要校正的时间点，似乎刚好跟地球与木星间的距离有关。

奥勒·罗默
1644—1710
丹麦天文学家

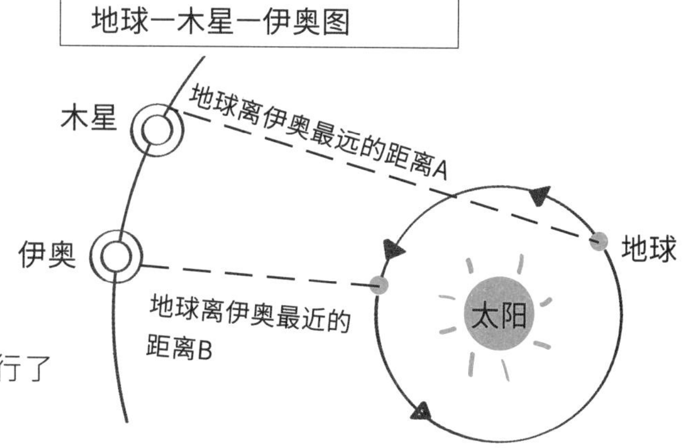

罗默根据统计的数据进行了仔细的计算，最后终于发现：

每当地球分别运行到离伊奥最远和最近的位置时，人们看见伊奥现身的时间就会相差二十二分钟。

罗默

他大胆地认为，在观测过程中出现的时间差是因为伊奥到地球的距离发生了变化，导致光传到地球所需要的时间不同，所以只要把距离A减距离B的差，除以相差的二十二分钟，就可以得出光的速度了，也就是每秒二十二万千米！这个数字与现今所测量到的最准确数字每秒29.979 2万千米相比，误差超过25%，但是，在那个连地球到太阳的距离都还没有精确数字的1676年，这个结果已经相当难能可贵了，至少这是人类第一次明确证明“光速不是无限大”！

甚至，罗默在1676年9月就做出预测，伊奥卫星在11月9日现身的时间将延迟十分钟。大家都守在天文台的望远镜边，等着罗默出糗，结果伊奥现身的时间，不快不慢，刚好推迟十分钟！

只可惜，事实明明摆在眼前，天文台的馆长还是不相信罗默的说法（因为伊奥用来对照的时间表是馆长制定的）。所以罗默一直没有对外正式发表他的研究成果，直到他到英国拜访牛顿和天文学家哈雷时，自己的理论才终于得到了赞赏。

接下来，其他天文学家也利用天体的运行轨迹计算光的速度。可是真正在地面上“脚踏实地”测量光速的实验，直到将近两百年后的十九世纪中叶，才在法国再度出现。测量光速实验的特色就是时间超短，距离超长，下面请看这两位生日只差五天的物理学家的故事。

友谊决裂之光竞赛

阿曼德·希波吕忒·路易斯·菲佐
1819—1896
法国物理学家

让-巴纳德-莱昂·傅科
1819—1868
法国物理学家

阿曼德·希波吕忒·路易斯·菲佐（Armand Hippolyte Louis Fizeau）和让-巴纳德-莱昂·傅科（Jean-Bernard-Léon Foucault），原本是一对好朋

友。大学就读医学院的菲佐，也不知道是不是因为解剖人体使他紧张的关系，一直有偏头痛的毛病，最后不得已只好离开医学院，改学物理。而傅科呢，原本也在医学院，但他很快发现自己一见血就头晕，根本不是学医的料，所以也只能放弃医学，进入物理学领域。

这两个生日只差五天的“难兄难弟”，就这么凑在一起，一块儿参加了发明摄影技术的艺术家路易-雅克-芒代·达盖尔（Louis-Jacques-Mandé Daguerre，1787—1851）的摄影课。刚开始，他们志同道合，感情很好，经常一起研究如何改良摄影技术。即使后来没有成功，他们的友谊仍一直持续。在1845到1847年间，两人合作使用摄影图片研究太阳的光谱，取得了很不错的成绩。

1838年，路易-雅克-芒代·达盖尔于法国巴黎拍摄的《坦普尔大街街景》是世界上第一张拍到人的照片。因为曝光时间过长，街上许多车辆都没有捕捉到，只有一位擦鞋者和一位被擦鞋者因长时间保持固定姿势，才被成功拍到。

1845年，法国物理学界的老前辈多米尼克·弗朗索瓦·让·阿拉果（Dominique François Jean Arago）利用旋转镜法（如下页图）设计实验，打算测量光速。但因为阿拉果眼睛不好、事情又忙，便邀请菲佐和傅科两个小伙子合作完成这项实验。

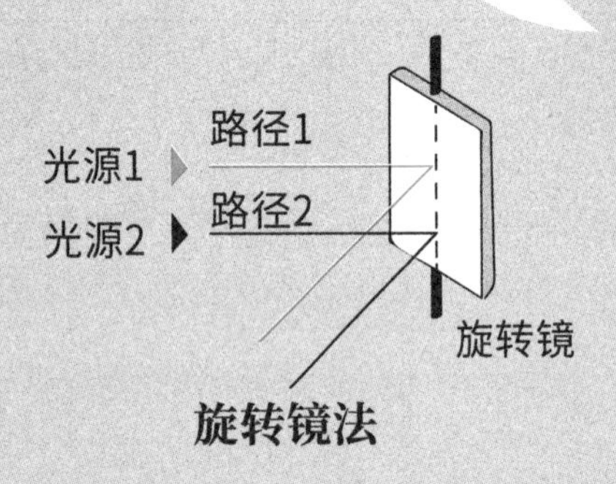

多米尼克·弗朗索瓦·让·阿拉果
1786—1853
法国物理家、天文学家

刚开始两个人都很乐意，而且雄心勃勃地一起讨论并改良这套装置。但是后来不知道什么原因，两个人突然起了摩擦，甚至从此分道扬镳，各做各的，从合作伙伴突然变成了竞争对手。

他们双方都急着开创自己的方法来测量光速。1849年，菲佐拔得头筹，成为世界第一个在地面上做实验测定光速的人。

他在巴黎父母的房子里，把阿拉果的“旋转镜”换成“旋转齿轮”。

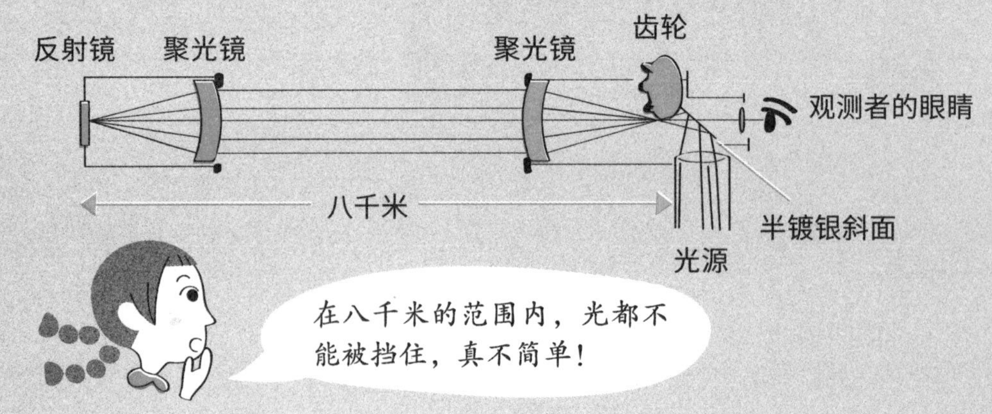

半镀银斜面

在八千米的范围内，光都不能被挡住，真不简单！

他让一束强光经过半镀银的斜面反射出去，刚好通过齿轮的一个凹口之后，再由距离八千米远的反射镜反射回来。他慢慢地增加齿轮的旋转速度，直到光线传回来时不被齿轮挡住，而可以通过下一个凹口，进入观测者的眼睛，使观测者看到亮光。这样，光经过反射镜往返的时间就等于齿轮转动至观测者看到亮光所经过的时间。

如此一来，菲佐就能根据光经过的距离（往返各八千米，总共十六千米）和光传回来所用的时间（可以用齿轮旋转过的齿距除以齿轮旋转的速度来计算），计算出光速。

最后他得出的光速是每秒31.53万千米，比现今最准确的光速值快了5.17%左右。

菲佐这么快就做出成绩，傅科当然也不甘示弱，他决定另开战线，抢先一步测量光在水和空气中传播速度的差别。当时，这个问题在科学界吵得正凶，非常需要一个准确的实验为大家解惑。于是第二年，也就是1850年，傅科就赶紧请人改良旋转镜设备，将一束光分成两束，其中一束穿过水，另一束则穿过空气（如下图）。

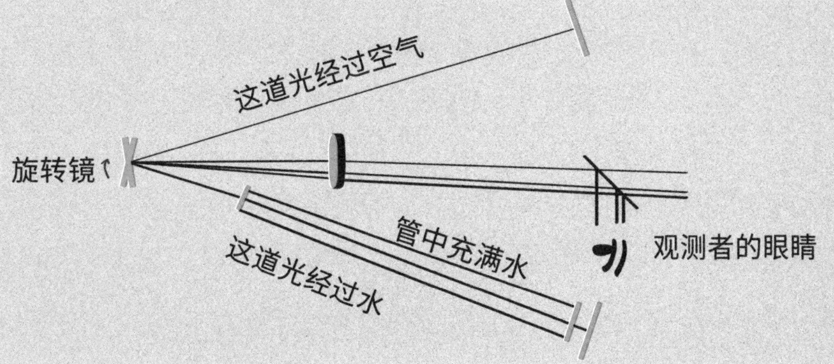

傅科比较两束光线反射回来的角度差，推算之后发现，光从水中通过的速度比从空气通过慢25%！这完全违背牛顿大师的预测，牛顿认为水比空气稠密，应该会拉着光粒子加速前进。而且，菲佐也用了同样的旋转镜方法，证明了光在水中的传播速度比在空气中的慢，等于再一次确认了傅科的实验结果为真，不过时间比傅科晚了七周。

“好惊险。差一点儿又输给菲佐。”傅科心想，“我要再加油一点儿才行。”

1862年，傅科的旋转镜再度登场。这次他的目标不是比较光在水中和空气中的传播速度，而是专门为了测量光速。他把单程距离拉长到三十二千米，并在光源从镜子反射回到旋转镜时，使旋转镜旋转一个小角度，把光线反射到观察者的眼睛（如下图）。

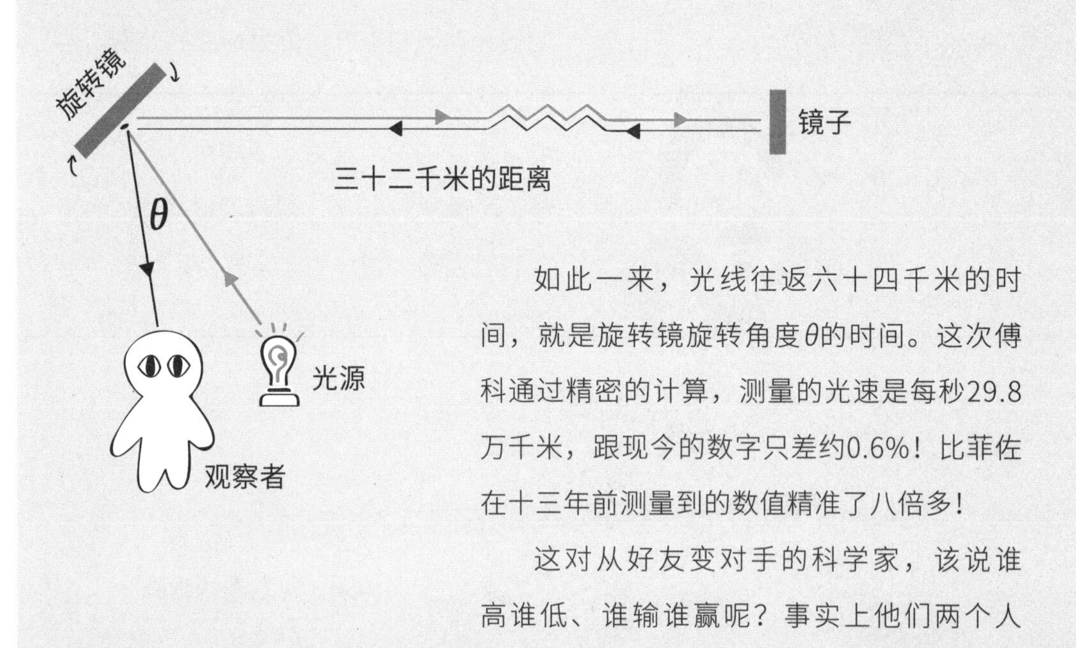

如此一来，光线往返六十四千米的时间，就是旋转镜旋转角度θ的时间。这次傅科通过精密的计算，测量的光速是每秒29.8万千米，跟现今的数字只差约0.6%！比菲佐在十三年前测量到的数值精准了八倍多！

这对从好友变对手的科学家，该说谁高谁低、谁输谁赢呢？事实上他们两个人在后世的光学发展历史上，几乎是平起平坐。他们总是被一起提起，两人的名字总是同时并列，就连他们各自研发的齿轮式光速测量仪和旋转镜式光速测量仪，也被后人干脆合并在一起，统称为“菲佐－傅科仪”（Fizeau-Foucault apparatus）。唉，这种总是被凑在一起的结果，恐怕是当时翻脸、一心只想分开闯天下的两个人，怎么想都想不到的吧！

光速实验为光的“波动说”注入强心针

故事讲到这里，其实，在光学的世界中，还有一场战火没平息——光究竟是波，还是粒子？“波动说”与“微粒说”相争不下，战火已经燃烧了数个世纪。偏偏牛顿大师站在“微粒说”的一方，认为光是粒子，所以，光在水中的传播速度应该比在空气中的快。由于无人敢挑战牛顿大师的权威，导致“波动说”被打趴在地上几乎有一百年的时间。

直到十八世纪初，又开始出现支持“波动说”的声音。再加上菲佐与傅科用实验证明了光在水中的传播速度比在空气中的慢，不但“打肿”了牛顿大师的“脸”，也成为不少人眼中“打败‘微粒说’的致命一击”。

但是谁说科学对战一定就是你胜我败的结局呢？“微粒说”的一时挫败，就代表“波动说”大获全胜了吗？事情远没有我们想象的这么简单，物理的深不可测更远远超过人类原来的想象。光的真相还要再过一百年，才会水落石出。下一堂课就带你来看看，争论了这么久，光究竟是粒子还是波动！

呜呜，不是说好不打脸的吗？
牛顿
Chap. 19

快问快答

1 爱因斯坦发现："光速是世界上最快的东西。"这是真的吗？有没有比光速更快的东西呢？

光速——每秒299 792 458米——是光在真空中传播的速度。根据爱因斯坦的相对论，速度比光速低的物体如果要加速到光速，它的质量会增加到无限大，需要吸收无限多的能量，这是不可能的。所以，任何物质的速度都不可能超越光速。

科学家们一直都想打破光速的限制，不过到目前为止，这些努力都失败了。有人认为"量子纠缠"和"宇宙膨胀的速度"可能超越光速，但是量子纠缠是相距遥远的量子之间保有关联性，当其中一颗的状态发生变化时，另一颗也会发生相应的变化，就像是某种超光速的"沟通"，而不是实际量子的移动；宇宙膨胀的速度也还有争议，因为它不符合光速计算的定义。所以到目前为止，还没有发现宇宙中哪种物体的运动速度能超越真空中的光速。

2 我们能不能让光慢下来，甚至停下来呢？

光速减慢并不是一件罕见的事情，光从空气射入水中，光速就会变慢大约25%（虽然还是很快）。而在我们生活的大气层中，光速也比在真空的太空中有所减慢。聪明的科学家们掌握“光速会受介质影响”这点，利用非常特殊的原子当作介质，可以让通过的光明显地慢下来，通过装置辅助，甚至可以让光完全停止下来。这种被调慢的光，被称为“慢光”。到目前为止，科学家们已经知道如何使光速降到每秒四十米，也已经找到如何使光暂停之后再继续前进的方法了。

3 我们经常听到的“光年”跟光速有关吗？

当然有关啦！光年，就是光线用真空中的光速往前跑一年所经过的距离。因为光年有个“年”字，有人就误以为光年是时间的单位，但实际上，光年是“距离”的单位，一光年约等于94 605亿千米！这么长的距离，当然是用在天文学上，计算遥远天体间的距离。比如从地球到月球的距离，光大约只需要跑1.28秒；从地球到太阳的话，光大约要跑八分钟；而地球到天狼星呢，则有大约 8.6光年那么远！

4 为什么跟光有关的实验常常要用到聚光镜、凸透镜、反射镜呢？难道不能直接用光源测试，必须要让光线经过这些光学镜吗？

没办法，因为早期的科学家们做光学实验的时候，还没有出现激光。他们所用的传统光源，比如日光、蜡烛、油灯、灯泡等，产生的光线通常是发散的。如果让光线乖乖地朝着实验者规定的方向射去，就得用聚光镜来集中光线，用透镜汇聚光线或使光线平行射出，或是利用反射镜来改变光束前进的方向。

LIS影音频道 

扫码回复
“物理第19课”
获取视频链接

LIS实验影片

早期的科学家们利用不同的光学镜进行光的实验，从而测量出光的性质。那么，现代的我们可不可以拿凸透镜做些简单又有趣的实验呢？观看这部影片，你也可以轻松利用凸透镜，把智能手机变成显微镜哟！

/ 第 20 课 /

波与粒子的最终战

爱因斯坦和德布罗意

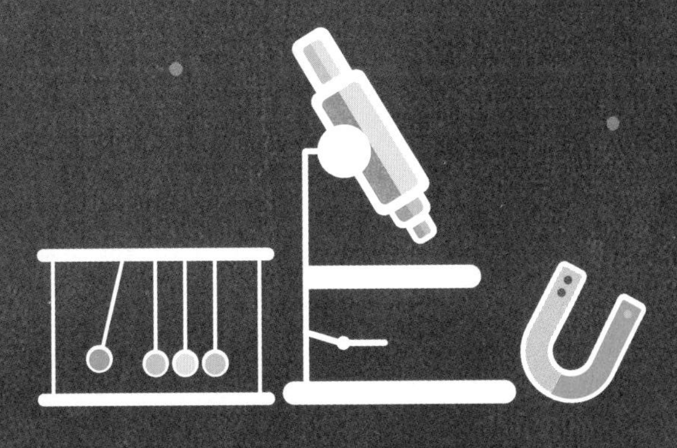

今天是波与粒子的最终战，
猜猜看，谁会赢？
是波！
是粒子！
LIS

波与粒子的大战，已经打了几百年。早在十七世纪，爱思考胜过做实验的笛卡尔，就认为“光是一种波动”，而且光的本质是一种“压力”，借由充满宇宙间、具有弹性的“以太”，以无限大的速度传播。

什么是以太？

以太是由亚里士多德提出的，一种充满宇宙空间的物质元素。1887年，科学家才证明以太并不存在。

胡克也认为光是一种波动。他用石头掉进水里所形成的涟漪来比喻光，认为光波也像水波一样，形成球面向外扩散。

光是波！

牛顿

胡克

才怪！光是粒子！

“微粒说”和“波动说”的早期纠葛

不过，跟胡克长年不合的牛顿并不这么认为。当他发现光通过玻璃三棱镜会色散成七种色光时，便推论光是由不同颜色的光“微粒”混合而成的，这些微粒从光源飞出，在空中像小球一样在做等速直线运动。

但是没过几年，惠更斯就用一系列的光波实验，反对牛顿的“微粒说”，他直接描绘出光波的样子，还用波动的理论来解释光的折射与反射。

光与光交会时，不会像球一样弹开，怎么会是粒子呢？

惠更斯

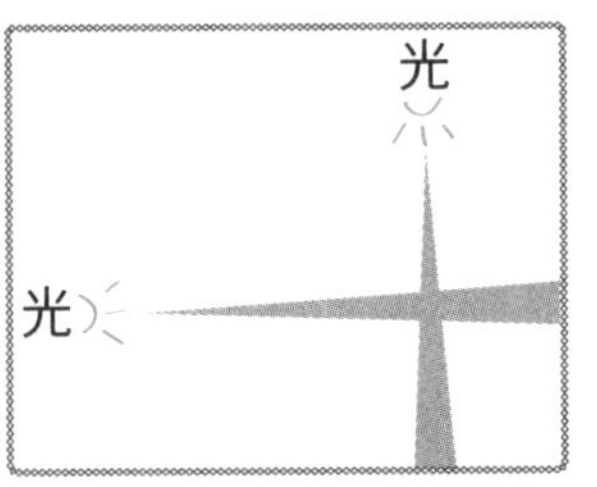

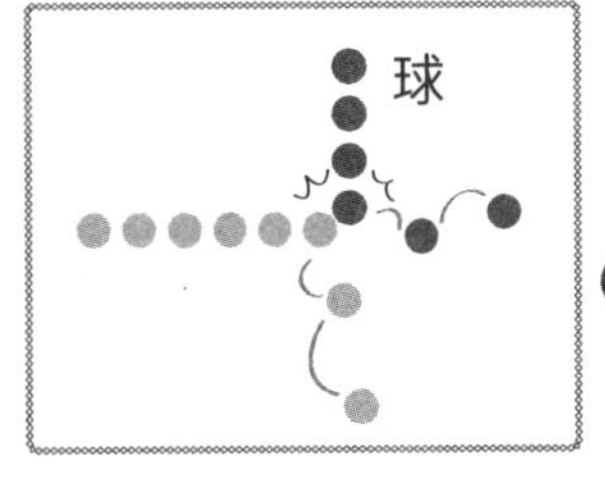

是——是吗？

牛顿还是科学界“菜鸟”的时候，“老鸟”惠更斯和胡克的“波动说”曾经一度占据上风，牛顿的“微粒说”被压制。但是惠更斯的波动理论不够成熟，无法解释光的干涉①、光的衍射②等现象，再加上后来牛顿发展成为神一般的人物，渐渐被后人捧上科学的神坛，没有人敢挑战牛顿的权威，于是换成了“微粒说”占据统治地位。“波动说”则随着惠更斯与胡克的相继过世，逐渐被淡忘。

直到大约一百年后，英国出现一位博学的医生——托马斯·杨（Thomas Young），沉睡许久的“波动说”，才慢慢苏醒过来。

托马斯·杨
1773—1829
英国物理学家、医生

召唤“波动说”的双缝干涉实验

托马斯·杨是个“好奇宝宝”，对身边任何事物都有着强烈的求知欲。他在学习眼睛的构造和颜色视觉时，顺便研究了光的“微粒说”与“波动说”，并得出了自己的想法。托马斯·杨让光线同时通过纸上的两条狭缝，证实了光的确具有波动性。假如光是粒子，当光通过两条狭缝时，纸后方的屏幕上应该只会呈现两条亮光；可是实验结果显

如果光是粒子

如果光是波动

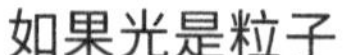

①光的干涉：若干个光波（成员波）相遇时产生的光强分布不等于由各个成员波单独造成的光强分布之和，而出现明暗相间的现象。

②光的衍射：光在传播过程中，遇到障碍物或小孔时，将偏离直线传播的路径而绕到障碍物后面传播的现象。

示，屏幕上竟然出现了整排明暗相间的条纹，这是光的波动经过狭缝时才会有的现象！

托马斯·杨的“双缝干涉实验”证明光具有波动性。通过两条狭缝的光波叠加在一起，形成明暗相间的条纹，称为“干涉”现象。

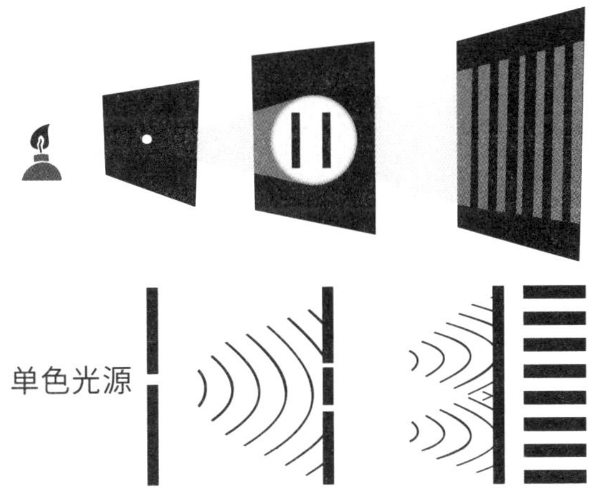

可怜的托马斯·杨。

于是托马斯·杨大胆地说：“我当然很仰慕牛顿大师，但这不代表他永远是对的。我很遗憾地发现他确实出错了，而他的权威有时候甚至会阻碍科学的进步。”不幸的是，大多数人认为牛顿不可能出错，于是纷纷攻击托马斯·杨的实验，以至于接下来的二十年间，没人理睬他的实验。就连托马斯·杨为了反驳攻击者所写的论文，也没有出版商愿意出版。托马斯·杨只好自掏腰包印成小册子，结果很凄惨，据说只卖出了一本。

权威真可怕。

但是托马斯·杨的努力没有白费。隐约之间，“波动说”的声音在少数科学家之间渐渐扩大。尤其在菲佐与傅科提出光速实验之后（证明了光在水中的传播速度比在空气中的慢，反驳了牛顿的“微粒说”。请见第19课），“微粒说”与“波动说”的战火更是越打越烈，科学家们简直就像两派人马在“打群架”。当时双方都很坚持，一方认为光是“纯”粒子，另一方认为光是“纯”波动。

不过，不知道你有没有注意到，赞成光是纯粒子的一派，几乎无法否定对方的实验有错；同样地，赞成光是纯波动的一派，也只能证明光有波动性质，无法挑出光是粒子的实验有什么大毛病——这种现象真是耐人寻味，答案到底是什么？这场数百年的理论之战，还要持续多久呢？

光就是想要一下这样，一下那样

1905年，被世人称为物理学的“奇迹年”（annus mirabilis）。因为在这神奇的一年，当时只是瑞士专利局小职员的阿尔伯特·爱因斯坦陆续发表了四篇重要的论文，论文中提到的“光电效应”“布朗运动”“狭义相对论”以及“质能互换”等理论，刷新了人类对世界的看法。

“光电效应”是在1887年，由德国物理学家海因里希·鲁道夫·赫兹（Heinrich Rudolf Hertz，1857—1894）发现的。“光电效应”指的是当紫外线照射在金属上时，金属会放电。右图为爱因斯坦对“光电效应”的新的解释。

光线照射在金属表面上使金属表面的电子离开

在其中一篇论文中，爱因斯坦用“光子”的概念，成功地解释了“光电效应”。爱因斯坦认为，光的能量不是均匀分布的，而是“一包一包”的，他把这个“能量包”称为“光量子”，也就是我们现在所称的“光子”。当能量够强的光子打在金属上时，就会使得金属表面的电子吸收能量而活泼地“飞”出去。

“量子”一词来自拉丁文“quantus”，字意是“有多少”，代表“特定数量的某物质”。

马克斯·卡尔·恩斯特·路德维希·普朗克
1858—1947
德国物理学家

“量子”的概念是马克斯·卡尔·恩斯特·路德维希·普朗克（Max Karl Ernst Ludwig Planck）在1900年提出的。如果某些物理量的数值是特定数值的整数倍，而不是任意值，那就表示这种物理量是可以“量子化”的。例如，光的能量是光子的整数倍，换句话说，光子是光这种能量的量子。

乍听之下，爱因斯坦的“光子”概念，可能会让你以为他也拥护“微粒说”，认为光是由一颗颗的粒子构成的。但你有没有注意到，爱因斯坦说光子是“能——量——包”。传统物质由粒子构成，而与能量有关的其实是波动——聪明过人的爱因斯坦认为“光既具有粒子性，也具有波动性”！他保持开放的态度，理性看待双方的实验，波动实验是对的，粒子实验也没错，光很可能具有“波粒二象性”（wave-particle duality）。只是这两种特性很“调皮”，它们不会同时出现，有时候显现“粒子”特性，有时候显现“波动”特性，所以才让科学家们晕头转向，白白吵了好几百年。

别争啦！两种说法都有道理，我们就认为光既是粒子又是波就好啦。
阿尔伯特·爱因斯坦
1879—1955
美籍德裔物理学家

提出波粒二象性这个突破观点的爱因斯坦，这时候才二十六岁呢！
LIS

这个答案看起来让双方人马皆大欢喜，但有些人却仍觉得，怎么可能会有一种东西既是粒子又是波，如果从日常现象去观察，就会发现根本不……

喂，等等！谁告诉你在日常生活中就能观察到波粒二象性的？这种奇特的现象在我们日常生活的宏观世界可看不见，只有在微观的次原子①世界才会显现哟！不信的话，请看看下面路易·维克多·德布罗意（Louis Victor de Broglie）与“物质波”的故事吧。他把爱因斯坦提出的“光”的波粒二象性，扩展到“所有物质粒子”身上，虽然听起来很玄幻，研究过程却是经过实验证明、有凭有据的。

①次原子：是指比原子还小的粒子。

看不见的物质波

路易·维克多·德布罗意
1892—1987
法国物理学家

在物理学的历史上，有两个“德布罗意”，一个是哥哥摩里斯·德布罗意（Maurice de Broglie），另一个是弟弟路易·维克多·德布罗意（Louis Victor de Broglie），哥哥比弟弟大十四岁，他们来自法国有名的政治、外交世家。但是在弟弟路易·维克多·德布罗意十七岁的时候，他们的父亲过世了，于是哥哥摩里斯继任为家族第六代公爵，并担负起教育弟弟德布罗意的重大责任。

这个历史悠久的名门贵族两百年来人才辈出，两兄弟也不例外。天资聪颖的路易读起书来过目不忘，但早期因为兴趣太广泛，不知道该朝哪个目标前进——他先拿到历史的大学学位，后来发现物理才是真爱，绕了一大圈后才回头研读物理。

路易最感兴趣的，是当时最时髦却也最难、极少人懂的“量子物理”。

普朗克在1900年研究黑体辐射[①]时提出“量子”这个新名词。在物理学里，量子的概念通常出现在微观的世界里，是一个不可分割的基本量，例如

①黑体辐射：是指由理想放射物（黑体）放射出来的辐射，在特定温度及特定波长时放射出最大量的辐射。

这里说的德
布罗意，我
怎么知道是
哥哥还是弟
弟呀？

弟弟路易的物理
成就比哥哥高，
通常物理史上说
的德布罗意是指
弟弟哟！

光的能量是光子的整数倍，光子就是代表一大束光的基本单位。而量子在微观世界里呈现的特质，和日常生活中的物质行为完全不同，所以普朗克提出的量子概念就算过了十年，大家还是一头雾水。

路易决定攻读量子物理的博士学位，但是有可能因为内容太玄、太难、太前卫，几乎没人可以指导他。还好，当时哥哥摩里斯已经是个物理学家，正在研究X射线与光电效应，路易常常到哥哥的实验室里帮忙，顺便找哥哥一起讨论。事实上，路易之所以对量子物理感兴趣，也是受兄长影响。因为哥哥在1911年的一次研讨会议上担任科学秘书时，带回一叠量子理论的文件，路易翻阅完就决定让自己一头扎进这门学问的无底洞。光博士学位一读就是五年，直到1924年，路易才交出一篇一百五十页的博士论文——《量子理论研究》，给他的指导教授保罗·朗之万（Paul Langevin，1872—1946）。

但是朗之万看了这篇耗时五年才诞生的博士论文之后却直摇头。这篇论文里提出的全新观念，在朗之万和当时不少科学家眼里，好像看似有理，却又离经叛道。朗之万不知道该不该同意让路易拿到博士学位，如果同意让他拿到博士学位，就代表朗之万自己也同意路易在论文中所写的理论。

无奈之下，朗之万只好印了一份路易的论文寄给爱因斯坦，希望听听爱因斯坦的意见。原本，爱因斯坦正因研究忙得不可开交，但抽空一看路易写的论文立刻就惊为天人，大大赞赏。

保罗·朗之万
1872—1946
法国物理学家

世界上有博士生比指导教授还厉害的吗？

当然有。这就叫作“青出于蓝而胜于蓝”！

究竟是什么内容，能让天才型的科学家爱因斯坦竖起大拇指，如此大加赞赏呢？原来路易认为，爱因斯坦的“光量子”理论应该推广到一切物质粒子上，换句话说，世界上所有的物质都具有波粒二象性，只是因为一般日常中的物质质量都太大，以至于它们波动时的波长太小，小到我们观察不到！所以我们无法在平常的宏观世界里，发现物质的波粒二象性，只有在像光子、电子质量这么轻、这么微小的微观世界里，才有可能观察到它们的波动。

举个例子：当棒球投手以每秒四十米的速度丢出棒球时，用路易的公式计算这颗球“波动”的“波长”约是1.1×10^{-34}米！这个波长的长度比原子核几乎小一千万兆[1]倍！即使以我们现在所拥有的科学技术，也侦测不到！

人们将路易的这个崭新概念称为“物质波”（matter wave）。爱因斯坦非常开心，没想到路易把他的理论发扬光大，扩展到所有物质的粒子！如此丰富、

①兆：数词，一兆代表的是10的12次方。

连丢球也有波动啊？
看不出来啊！

广阔的概念，让爱因斯坦在给朗之万回信时忍不住说：“路易已经掀起了（量子物理）面纱的一角！”

也许是英雄惜英雄，爱因斯坦把路易的论文送到柏林科学院，并且在自己有关量子统计的论文里介绍路易的研究内容。因此，路易不但顺利拿到了博士学位，还在物理学界声名大噪，大家很快就注意到这位年轻人，以及他那创意独具的“物质波”理论。

厉害！
爱因斯坦
谢谢，谢谢！
路易

1929年，也就是路易提出博士论文后的第五年，他得到了诺贝尔物理学奖的殊荣，成为历史上以博士论文直接拿到诺贝尔奖的第一人！

读到这里，你觉得量子物理让你头痛吗？“物质波”的想法实在太过抽象，人们很难用眼前习惯的生活现象去理解，以至于有位物理学家曾经写信给朋友感叹：“……如今，物理学又是一片混沌。总之超出我的能力太多。我多么希望自己是个喜剧演员，从来不知道物理是什么。”由此可见，量子物理走出了一条与传统物理完全不同的路，哪怕对拥有聪明大脑的物理学家来说，也是一种折磨。

物质波理论遍地开花

不过尽管如此，还是有一群物理学家坚持不懈地努力，陆续找到了电子、中子、质子、氢粒子、氦粒子甚至“巴克球”具有波动性的证据，用铁一般的事实证明了路易·维克多·德布罗意的物质波理论正确无误。

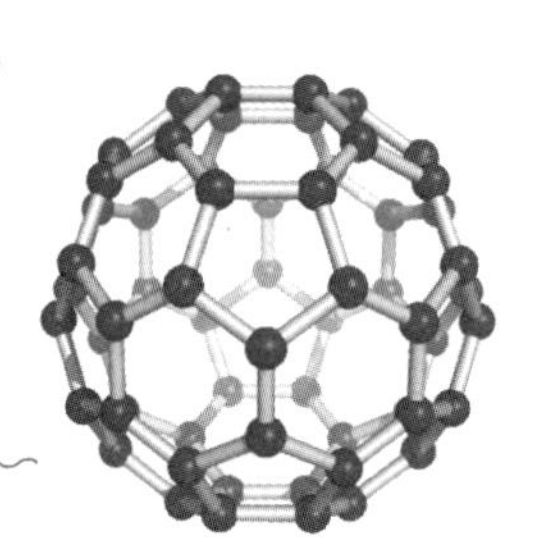

巴克球是由60个碳原子所构成的分子结构，化学式为C60，因为形状类似右图所示的美国建筑学家理查德·巴克敏斯特·富勒（Richard Buckminster Fuller）设计的圆顶薄壳建筑，所以被称为“巴克球”。

可见，并不是我们看不见、弄不懂，或观察不到的现象，就不存在。微观世界的万物和我们日常生活中所见的景象相去甚远，运行方式也和宏观世界中我们习以为常的物理规则大不相同。

从公元前四世纪，亚里士多德写下第一本《物理学》到现在，物理的研究精益求精，已经深入原子内部的“次原子世界”，寻找万“物”的道“理”。二十世纪后的量子力学提出了许多不可思议、难以理解的理论，例如在微观世界里所有事物都具有不确定性（不确定性原理）；电子和质子合起来形成原子，反电子和反质子合起来形成反原子（反物质理论）；又或者一只猫可能是死的，同时又是活的（态叠加原理与平行宇宙）……

这些乍看之下荒诞的理论，虽然我们无法运用生活经验去理解，却的确与我们一起并存在这个大千世界。幸好，这些理论通常适用于微观世界，而在我们生活的宏观世界里，太阳还是每天东升西落，我们还是每天起床、吃早餐、上学、和同学打球玩闹……但是你可千万别以为这些物理理论一点儿都不重要，别忘了，物理学经常走在世界的前头，引领并改变人类的生活。这些奇妙的理论，已经在物理学上发酵、带来变化，谁也不能保证它们不会在未来的某个时候，彻底改变我们生活的世界，不是吗？

快问快答

1 爱因斯坦这样的绝顶天才，他的大脑是不是跟一般人的大脑不太一样呢？

哈哈，我猜很多人都跟你有一样的想法吧！所以在1955年爱因斯坦过世的时候，负责帮他验尸的美国病理学家托马斯·史托兹·哈维（Thomas Stoltz Harvey，1912—2007），偷偷地取出爱因斯坦的大脑，泡进福尔马林溶液里保存，然后将其切成二百四十块，分别封装起来，将其中的一部分送给顶尖的专家研究。

噢，我所崇拜的天才大脑。
哎哟，竟然连大脑都偷。

没有人知道爱因斯坦生前是否答应哈维可以这么做。至少可以确定的是，爱因斯坦的家人是在事后才知道的，他们要求哈维不能利用爱因斯坦的大脑追名逐利，而要把研究结果发表在具有公信力的高水平期刊上，才不会追究哈维的责任。

但是擅自偷走大脑的行为还是很不光彩的，所以哈维在学界的地位一落千丈，被医院开除，最后沦落到带着爱因斯坦的大脑浪迹天涯，直到二十几年以后，才被一名记者找到。

科学家们原本以为，天才都会拥有一个巨型的大脑。但没想到，爱因斯坦的大脑并不大，甚至比一般人的还小一点。他的大脑皱褶也不比平常人多，顶多就是负责空间感受的顶叶结构比常人大15%左右，所以他特别擅长数学和空间推理。爱因斯坦的脑中神经胶质细胞比一般人多，脑叶中神经元更密集，所以他擅长将事物具象化。不过这些结果最多只能证明，过世前的爱因斯坦的大脑比一般人“健康”！普通人只要像爱因斯坦一样，经常学习，不断思考，并且保持健康的生活方式，大脑结构也可能强化成像爱因斯坦的大脑一样。因为人类的大脑非常具有可塑性，爱因斯坦可能就是因为终生保持不断思考的习惯，才塑造了那样的大脑。

2 既然在我们日常生活中观察不到微观世界的量子现象，为什么科学家们还要研究量子力学呢？

我们在日常生活中的确观察不到微观世界的量子现象，但这并不代表我们在日常生活中用不到与量子现象有关的技术、仪器和设备啊！

比如，新型的LED（发光二极管）灯就应用了量子点技术，激光的发明也与量子理论有关，电子显微镜利用电子的波粒二象性增加分辨率，信息领域的计算机专家们也开始研发新一代的量子计算机。

感谢科学家们坚持不懈地探索量子现象，使得应用量子力学的科技产品越来越多，让我们的日常生活更加舒适与便利。

3 我终于看完这两本书了！请问，这可以帮助我提高物理成绩吗？

提高物理成绩倒不见得，但拉近你和物理的距离应该是没有问题的！每年都会有一批学生升入初中，开始学习物理，但有时候，充斥着数学公式、定理、定律的物理，常常使人感觉摸不着头脑，所以有些学生一想到物理就觉得枯燥乏味，一想到物理学家就认为非我族类、不感兴趣。

但是读过这两本书以后，你就可以从“人性”和“人类历史”的角度来理解物理的发展了！事实上，物理学家也是人，也会受到命运的捉弄，也会在历史的长河中随波逐流。他们跟我们一样都是平常人，物理多了人的温情，总是能让我们多喜欢它一点儿，不是吗？

LIS影音频道

扫码回复
“物理第20课”
获取视频链接

【自然系列——物理／光学04】（光的粒子）牛顿的反击（上）（下）

胡克认为，把光当成波，就可以完美地解释光的折射与反射了。牛顿却不这么认为。来瞧瞧牛顿是如何解释光的性质的吧！

原来，科学的本质就是不断地提出假设、验证、推翻……不停地重复，才终于得到“比较接近事实的结果”……
终于上完课了！以前一些只是在课本上提一下名字的科学家，现在好像变得亲近了许多……
没错，帮助大家了解科学研究的精神，以及科学演进的真面目，就是我们设计这20堂物理课最重要的目的！
太好玩了！
下课了，希望你们以后对物理越来越有兴趣！
下次会改上什么科学史呢？敬请期待哟！
LIS

附录1

物理是一门研究物质特性与相互作用、运动规律、能量，乃至时间与空间关系的基础学科，更联结了化学、数学、生命科学，以及医学等许多跨领域的科学研究。本套书主要介绍物理理论的演进脉络，还有众多科学家不畏艰难、前仆后继探究真理的研究历程，特别适合孩子阅读，亦可与学校的课程相互配搭，必可获得前所未有的学习乐趣。

本套书与中学物理教材学习内容对应表

物理课程教材	知识点关键词	本书内容	对应教材内容
2012人教版物理九年级全一册	摩擦起电 正电荷 负电荷 电传导 导体 绝缘体 库仑（单位）	第11课　相吸相斥谁知道？ 第3～14页 第12课　电力知多少？ 第30页	第十五章　电流和电路 第1节　两种电荷
2012人教版物理八年级上册	温度 温度计 摄氏温度 体温计 物态变化 熔化和凝固	第13课　温度到底是不是热？ 第33～44页	第三章　物态变化 第1节　温度 第2节　熔化和凝固
2012人教版物理九年级全一册	物质的构成 分子热运动 物体内能的改变	第14课　“热质说”和“热动说” 第47、48、51～58页	第十三章　内能 第1节　分子热运动 第2节　内能

（续表）

物理课程教材	知识点关键词	本书内容	对应教材内容
2012人教版物理九年级全一册	电子 电流	第15课　开启电磁大时代 第61、66～72页	第十五章　电流和电路 第1节　两种电荷 第2节　电流和电路
2012人教版物理九年级全一册	磁场 电生磁 电流的磁效应 安培定则	第15课　开启电磁大时代 第61～68、70～72页	第二十章　电与磁 第1节　磁现象　磁场 第2节　电生磁
2012人教版物理九年级全一册	电流与电压和电阻的关系 欧姆定律	第16课　奠定电学基础 第75～81、84页	第十七章　欧姆定律 第1节　电流与电压和电阻的关系 第2节　欧姆定律
2012人教版物理九年级全一册	电压 电阻 超导现象	第16课　奠定电学基础 第76、77、80、81、85、86页	第十六章　电压　电阻 第1节　电压 第3节　电阻
2012人教版物理九年级全一册	电流的方向 短路	第16课　奠定电学基础 第86页	第十五章　电流和电路 第2节　电流和电路
2012人教版物理九年级全一册	磁场 磁感线 磁生电 电磁感应 发电机	第17课　电生磁，所以磁也生电？ 第89、91～97页	第二十章　电与磁 第1节　磁现象　磁场 第5节　磁生电
2012人教版物理九年级全一册	热机的效率 能量的转化 能量守恒定律	第18课　发现能量守恒定律 第101、103～109、111页	第十四章　内能的利用 第2节　热机的效率 第3节　能量的转化和守恒
2012人教版物理九年级全一册	分子热运动 物体内能的改变	第18课　发现能量守恒定律 第104～107页	第十三章　内能 第1节　分子热运动 第2节　内能

（续表）

物理课程教材	知识点关键词	本书内容	对应教材内容
2012人教版物理 八年级下册	功	第18课　发现能量守恒定律 第106、107、112页	第十一章　功和机械能 第1节　功
2012人教版物理 八年级上册	光的传播速度 光年	第19课　解开光速之谜 第115～125页	第四章　光现象 第1节　光的直线传播
2012人教版物理 八年级上册	凸透镜 透镜对光的作用	第19课　解开光速之谜 第126页	第五章　透镜及其应用 第1节　透镜

附录2　名词索引（依首字笔画、拼音顺序、字数排列）

六画

七画

八画

九画

十画

图片来源

Wikipedia维基百科提供：

第4、6、12、17～19、22、36～38、47、48（右）、49、51、52、54、62～65、67、68、76、77、82、90、91～93、98、102、104、106、109、118、119、130、132～134、138页

Shutterstock图库提供：

第48（左）页